相信阅读，勇于想象

幻想家

北京科普创作出版专项资金资助

藏 在 科 幻 里 的 世 界

你好人类，我是人

周忠和 王晋康 主编　　王元 编著

北京理工大学出版社
BEIJING INSTITUTE OF TECHNOLOGY PRESS

周忠和

中国科学院院士，中国科学院古脊椎动物与古人类研究所研究员，《国家科学评论》副主编。长期从事中生代鸟类与热河生物群等陆相生物群的综合研究。曾获得中科院杰出科学成就奖、国家自然科学二等奖、何梁何利“科学与技术进步奖”等。

王晋康

中国科幻文学界的扛鼎者，中国科普作家协会副理事长，全球华语科幻星云奖终身成就奖得主，1997国际科幻大会银河奖得主，19次获得中国科幻文学最高奖银河奖。

凌晨

中国科普作家协会理事，中国科普作家协会科学文艺委员会副主任，中国作家协会会员，北京作家协会会员，科普与科幻小说作家。

尹传红

中国科普作家协会常务副秘书长，《科普时报》原总编辑。作为策划人、撰稿人和嘉宾主持，参与过中央电视台、北京电视台等多部大型科教节目的制作。在多家报刊开设个人专栏，已发表科学文化类作品逾200万字。

周群

北京景山学校正高级语文教师，北京市特级教师，中国科普作家协会会员，中小学科普科幻教育推广人，教育部国培项目专家，硕士生导师。在《科普时报》上开设有“面向未来做教育”专栏，发表科普科幻教育专题的文章多篇。

王元

蝌蚪五线谱签约作者，科幻作者，发表科幻小说约计百万字。出版短篇科幻小说集《绘星者》、长篇科幻小说《幸存者游戏》（与吕默默合写）。《藏在科幻里的世界·你好人类，我是人》《藏在科幻里的世界·N维记》特约科普作者。

吕默默

科幻作家、科普作家。爱读书，会弹琴，喜旅行，意识上传支持者，期待自我意识数据化。已发表科普作品50多万字，为科教频道、新华网等平台创作百集科普视频剧本。《藏在科幻里的世界·冲出地球》《藏在科幻里的世界·远行到时间尽头》特约科普作者。

单少杰

中国科学院动物研究所博士后，从事线虫-植物互作及植物保护方向的研究。蝌蚪五线谱签约作者，中国科普作家协会会员，发表科普文章近百篇。《藏在科幻里的世界·基因的欢歌》特约科普作者。

《藏在科幻里的世界》

序

Preface

习近平总书记强调：“科技创新、科学普及是实现创新发展的两翼，要把科学普及放在与科技创新同等重要的位置。没有全民科学素质普遍提高，就难以建立起宏大的高素质创新大军，难以实现科技成果快速转化。”

科普作为一种教育活动，具有浓厚的时代性。不同的时代背景下，不同的社会经济发展状况下，公众对科普的需求不同，科普工作的内容和方法也有了相应的变化。

举例来说，20世纪60年代初，青少年科普读物《十万个为什么》问世，风靡数十年，其内容也与时俱进，由探索自然奥秘到普及前沿科学知识，伴随几代青少年走上科学的道路。

进入新的世纪，随着科技的迅猛发展，民众对于科普的需求又有了新的形式。

在2018年高考的全国卷Ⅲ里，有一道语文阅读题，阅读材料节选自刘慈欣的科幻小说《微纪元》，这引发了全民的热烈讨论。而刘慈欣的《带上她的眼睛》在此之前已经入选人教版初一（下）语文课本。来自教育界的种种尝试，给我们科普工作者带来了启发——优质的科幻作品或将成为青少年群体不可或缺的精神食粮。

青少年正处于培养社会主义核心价值观、科学观、审美观和科学思维的年龄段。科幻文学，无疑是在这几个方面都能给青少年补充“营养”的一种文学载体。而当前，我国青少年对于科幻阅读正处在认识不清、需求不大、不会阅读的状态，因此引导青少年读者学会“科幻阅读的正确打开方式”这一科普任务，历史性地落在了我们这一代科普工作者的肩上。

于是便有了这套“藏在科幻里的世界”的诞生。

这套“藏在科幻里的世界”由《冲出地球》《你好人类，我是人》《N维记》《基因的欢歌》《远行到时间尽头》五册构成，分别从宇航探索、人工智能、空间维度、生命科技、预测未来五个维度，精选了八年来发表于蝌蚪五线谱网站的53篇科幻微小说，并收录了来自王晋康、刘慈欣、何夕、凌晨、江波五位科幻作家的科幻作品，且由三位科普作家针对这58篇科幻小说进行了科普解读。

其中，《冲出地球》《你好人类，我是人》《N维记》涉及大量基础和前沿物理学的基础知识，《基因的欢歌》《远行到时间尽头》则涉及大量生命科学知识，套书整体兼具未来感和现实感。

科幻科普创作与其他文学形式不同，科幻科普作品是以其严谨的科学逻辑为基石来进行创作的。

本书特邀科幻科普作家凌晨老师担纲文学解读，凌晨老师表示：“科幻的思维逻辑，就是我们这些科幻爱好者和创作者想要推广的，以科学的理性思维面对世界，以幻想的广阔无疆创造世界，不惧怕即将面临的任何未来，永远保持好奇心，也永远乐观积极。”

谈及科幻与科普的关系，作为“藏在科幻里的世界”的主编之一，周忠和院士表示：科幻本身不直接传授科学知识，但它激发的是想象力，还有对科学的热爱，当然也蕴含了科学研究的思维和过程，从这个意义上来说，它对科学的普及起到的推动作用同样是巨大的。本书的另一位主编，著名科幻作家王晋康先生表示：“科学给你一个坚实的起飞平台，而科幻给你一双想象力的双翅。”

这同样也是“藏在科幻里的世界”立项的初衷：倡导想象力，培养青少年的科学思维与创造思维，激发青少年对于前沿科学的好奇心，力求带给青少年和家长“科幻阅读的正确打开方式”，给予青少年科学和人文的双重滋养。

“藏在科幻里的世界”从2019年1月份立项到成书出版，历时一年半的时间，并获得了2019年北京科普创作出版专项资金资助。感谢尹传红老师和周群老师在选题创意方面给予的积极建议，感谢全书38位科幻作者所提供的58篇精彩的科幻作品，感谢吕默默、王元、单少杰带着近乎科研的态度打磨书中的所有科普知识点。

非常高兴这套书能够顺利与大家见面，希望这套书能够被孩子和家长喜欢，也希望更多的“后浪”能够加入我们的科普科幻创作阵营中。

“藏在科幻里的世界”编委会

2020年7月

目录

Contents

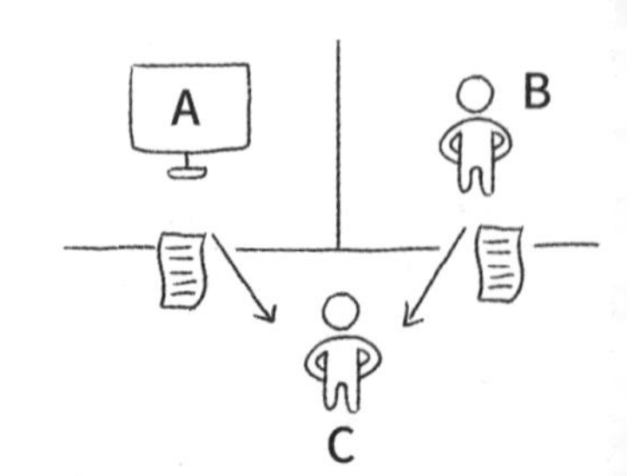

写在前面　凌晨 / 文　001
名家名篇 · 生存实验　王晋康 / 文　006
人工智能 · 孤独的守望者　王元 / 文　045

微小说 · 亚当纪　李鹜华 / 文　092
微科普 · 生而为人，我很快乐　王元 / 文　096

微小说 · 卡-5 的圈　云芎 / 文　102
微科普 · 画地为牢　王元 / 文　108

微小说 · 天才之死　漩涡 / 文　113
微科普 · 天才的诞生　王元 / 文　122

微小说 · 私奔 4.0　陈安培 / 文　128
微科普 · 无处不在的人工智能　王元 / 文　132

微小说 · 法庭　红胡子 / 文　137
微科普 · 判处为人　王元 / 文　142

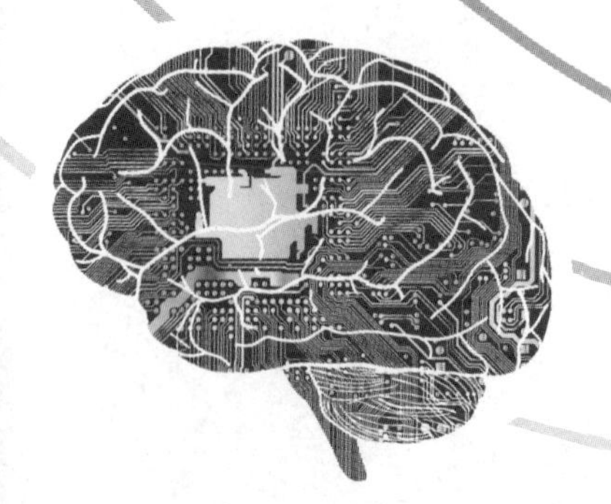

微小说·棋局 灰狐 / 文 148

微科普·对弈 王元 / 文 153

微小说·武器的终结 游者 / 文 158

微科普·导弹的自我修养 王元 / 文 163

微小说·调查报告 何涛 / 文 169

微科普·别对我说谎 王元 / 文 172

微小说·我的太阳 肥狐狸 / 文 178

微科普·眼泪代表悲伤或爱 王元 / 文 183

微小说·破解者 李健 / 文 188

微科普·献给人工智能的花束 王元 / 文 193

微小说·蜕 归芜 / 文 198

微科普·类乌托邦 王元 / 文 202

微小说·计划生育 月徽琬琰 / 文 208

微科普·真的我 王元 / 文 212

写在前面

《生存实验》为王晋康先生在2002年发表的短篇科幻小说。小说以第一人称“我”的视角，向读者讲述了一个奇异故事：“我”和乔治、索朗丹增等各种肤色的60个孩子同日出生，“我”是老大姐，自然就要承担照顾大家的责任。所有的孩子都在庞大的“天房”中生活，由机器人保姆若博照料。若博给我们吃穿，教我们学习，却从未告诉我们“天房”其实是一个生态封闭循环系统。她解释“天房”位于地球的遥远角落，我们这些孩子只有通过生存实验才能回家。生存实验就是到“天房”外进行为期数日的野外生存，我们都必须参加。“天房”外的世界陌生而恐怖，我们不想多待一分钟。但若博的命令是认真的，不到规定时间我们无法返回“天房”。

我们不得不面对陌生而恐怖的环境。7天，我们的第一次生存实验成功了，战胜了可怕的巨鼠和双口蛇，但却永远失去了两个同伴。

伙伴的死亡让大家愤怒，在乔治的煽动下，众人对若博充满仇恨，甚至还想密谋杀死她。“我”心地善良，试图劝说若博放弃生存实验，以便与乔治等人和解。但若博非常着急，要我们尽快开始第二次生存实验。“我”不敢说出乔治的谋杀计划，只能尽量向若博学习天房的管理技术。

乔治发现若博怕水，便和其他孩子一起设计，将若博推入水中。险些短路死亡的若博要处死乔治，在“我”苦求下才饶他一命。

奄奄一息的若博将“我”带进控制室，告诉“我”真相。原来她只是程序安排来照顾我们的机器人，现在“天房”的能量快要耗尽，她只好用生存实验的方式逼我们尽快适应异星环境。

《生存实验》用了很多篇幅描写“我”和伙伴们的生活，生活中处处都是若博的影子：她制造食物，她教导行为，她会夸奖，她也会惩罚。小说没有正面描写若博，但字里行间，却都在写若博，她是孩子们的老师、母亲和首领。孩子们和她很亲近，见面时“会笑嘻嘻地挽住妈妈的腰，扯住她的手，同她亲热一会儿”，就像一般小孩儿在妈妈面前撒娇似的。

然而，这么美好的关系，被若博逼迫孩子们进行生存实验而破坏得干干净净。十岁的孩子被她驱赶进荒野，仅仅携带一点点口粮，却要在恐怖的野兽中和荒野间生活7天，所遭受的惊恐和挫折一定不少，而且必定留下心灵的阴影。

如果若博是人类，大概不会这样做。但她的思维是直线型的，她只会按照程序来计划。所以她完全不顾孩子们的承受能力，甚至在实验时间未到时，坚决不开“天房”门对受伤的孩子进行救治。她没有给予孩子们充分的心理抚慰，也没有对第一次生存实验进行总结，而是马上宣布第二次生存实验的要求——这一次要在野外生存更长的时间。

作为机器人，若博是称职的，她按照设定的程序行事，没有变通，也无法变通。她的这种刻板，最终遭到了孩子们的激烈反抗，早早结束了她的使用寿命。

因而这个故事，用一句话来总结，就是：机器人按照指令抚育人类孩子，危机让她对孩子们严厉和苛刻，意图加速孩子们的成长。但孩子们不理解她的意图，以为杀掉她便能获得生存的自由。

像若博这样的机器人，科幻小说中并不常见，正是人类所期待的机器人的样子——一丝不苟执行任务指令，不允许任何偏差，也不会产生任何怀疑，有很强的执行力。

由于《生存实验》的重心，是描写机器人若博，因此生存实验本身描写是模糊的。孩子们究竟从哪儿来，是谁把他们送到这里来的，所肩负的使命是什么，地球到底怎么了……等等的疑惑，故事中都没有给出答案。读者尽可以展开幻想。

这篇小说的作者王晋康，人生经验和工作履历都极为丰富。因此，尽管是写机器人的小说，他也是从人身上出发，从人性上刻画。虽然故事中的人，还只是一群十岁的孩子，但在“天房”那样封闭而物种单一的环境中，孩子会早熟，还会暴躁。若博能教给他们知识，但无法教他们做人，只能任由人性中丑恶和怯懦的那一面显现。

王晋康1993年发表第一篇科幻小说《亚当回归》时，已经45岁。与那些正值青春，因为对未来天马行空的想象而选择科幻创作的作者不同，王晋康是因为给孩子讲故事而讲出了一个新天地。在从事科幻创作前，王晋康在南阳油田石油机械厂工作。他曾任该厂研究所副所长、高级工程师，是研究所的学术带头人，主持研制的大型修井机自走式底盘和沙漠修井机底盘达到国内和国际先进水平，获部级科技进步奖，沙漠修井机底盘为国家级重大项目。

科研工作的经验积累，结合对社会的观察思考，对人性的深刻洞察，成为王晋康科幻小说的基石，构筑出他的科幻小说坚实的科学基底、严密的逻辑架构，以及浓浓的人情味。

在《生存试验》中，若博是一个低级机器人，知识和功能都很有限，只会兢兢业业执行程序。这种局限性，为“我”和小伙伴们将面临绝境，靠勇气和智慧开拓新生提供了坚实的逻辑背景，也使读者对生存实验的设计者产生了浓厚的兴趣。后来王晋康写过全知全能的机器人，那是《百年守望》中的广寒子。从某种程度上来说，它与人的差距，只是在于有否肉体，而且它比人更聪明、更和善、更没有私心。广寒子就是那种人类一直渴求的完美的人工智能AI（人工智能的英文为Artificial Intelligence，简称AI）。如果是广寒子来做“我”的保姆，代替若博，孩子们的成长是不是会健康平顺，充满阳光？

广寒子这样的AI当然是现在没有的，那么将来会有吗？

AI这个概念，是物理学家们在1956年提出的，本意是用机器模拟人的智能。想法简单，但实现起来却是路途遥远。AI要想全方位做到“像人”，就必须搞清楚人类智能产生的原因，这样才能模仿人类，让机器会听（语音识别、机器翻译等）、会看（图像识别、文字识别等）、会说（语音合成、人机对话等）、会思考（人机对弈、定理证明等）、会学习（机器学习、知识表示等）、会行动（机器人、自动驾驶汽车等）。

现在，经过科学家和技术人员60多年的不懈努力，AI已经取得了傲人的进步。从可应用性看，人工智能大体可分为专用人工智能和通用人工智能。面向特定任务（比如下围棋）的是专用人工智能系统，水平很高，比如在围棋比赛中战胜人类冠军的阿尔法狗（AlphaGo），在火车站检票的人脸识别系统，还有手机中和人对话的机器人……专用人工智能系统能有这样的智力水平，是因为任务单一、需求明确、应用边界清晰、领域知识丰富、建模相对简单，概括起来就是这些任务还比较简单，没有太多地方绕弯子。

我们人类大脑这个智能系统可不仅仅是专用的，还是通用的，能举一反三、融会贯通，可以处理视觉、听觉、判断、推理、学习、思考、规划、设计等各类问题，可谓“一脑万用”。真正意义上完备的人工智能系统应该是一个通用的智能系统。目前，虽然专用人工智能领域已取得突破性进展，但是通用人工智能领域的研究与应用仍然任重而道远，人工智能总体发展水平仍处于起步阶段。当前的人工智能系统在信息感知、机器学习等“浅层智能”方面进步显著，但是在概念抽象和推理决策等“深层智能”方面的能力还很薄弱。总体上看，目前的人工智能系统可谓有智能没智慧、有智商没情商、会计算不会“算计”、有专才而无通才。

《生存实验》的最后，损坏了的若博停止了运行，“我”和小伙伴们痛失导师，对自己鲁莽的行为悔恨不已。然而大错已经铸成，我们只能收拾行囊，按照若博吩咐的，勇敢地开始真正的生存实验。这个实验只能成功不能失败，因为再也没有“天房”可以庇护。但是无论我们走多远，我们都将“每人一生中回天房一次，朝拜若博妈妈”。若博成了家的标志和旗帜，永远镌刻在这些异星开荒者的心灵之上。

凌晨

名家名篇·生存实验

●王晋康／文

若博妈妈说今天——2000年4月1日是我们大伙儿的10岁生日，今天不用到天房外去做生存实验，也不用学习，就在家里玩，想怎么玩就怎么玩。伙伴们高兴极了，齐声尖叫着四散跑开。我发觉若博妈妈笑了，不是她的铁面孔在笑，是她的眼睛在笑。但她的笑纹一闪就没有了，心事重重地看着孩子们的背影。

天房里有60个孩子。我叫王丽英，若博妈妈叫我小英子，伙伴们都叫我英子姐。还有白皮肤的乔治，黑皮肤的萨布里，红脸蛋的索朗丹增，黄皮肤的大川良子，鹰钩鼻的优素福，金发的娜塔莎……我是老大，是所有人的姐姐，不过我比最小的孔茨也只大了一小时。很容易推算出来，我们是间隔一分钟，一个接一个出生的。

若博妈妈是所有人的妈妈，可她常说她不是真正的妈妈。真正的妈妈是肉做的身体，像我们每个人一样，不是像她这种坚硬冰凉的铁身体。真正的妈妈胸前有一对“妈妈”，正规的说法是乳房，能流出又甜又稠的白白的奶汁，小孩儿都是吃奶汁长大的。你说这有多稀奇，我们都没吃过奶汁，也许吃过但忘了。我们现在每天吃“玛纳”，圆圆的，有拳头那么大，又香又甜，每天一颗，由若博妈妈发给我们。

还有比奶汁更稀奇的事呢。若博妈妈说我们中的女孩子长大了都会做妈妈，肚子里会怀上孩子，胸前的小豆豆会变大，会流出奶汁，10个月后孩子生出来，就喝这些奶汁。这真是怪极了，小孩子怎么会钻到肚子里呢？小豆豆又怎么会变大呢？从那时起，女孩子们老琢磨自己的小豆豆长大没长大，或者趴在女伴的肚子上听听有没有小孩子在里边说话。不过若博妈妈叫我们放心，她说这都是长大后才会出现的事儿。

还有男孩子呢？他们也会生孩子吗？若博妈妈说不会，他们肚子里不会生孩子，胸前的小豆豆也不会变大。不过必须有他们，女孩子才会生孩子，所以他们叫作“爸爸”。可是，为什么必须有他们，女孩子才会生孩子呢？若博妈妈说你们长大后就知道了，到15岁后就知道了。可是你们一定要记住我的话：“记住男人女人要结婚，结婚后女人生小孩，用‘妈妈’喂他长大；小孩长大还要结婚，再生儿女，一代一代传下去！你们记住了吗？”

我们齐声喊：“记住了！”孔茨又问了一个怪问题：“若博妈妈，你说男孩胸前的小豆豆不会长大，不会流出奶汁，那我们干吗长出小豆豆呀，那不是浪费吗？”这下把若博妈妈问愣了，她摇摇脑袋说：“我不知道，我的资料库中没有这个问题的答案。”若博妈妈什么都知道，这是她第一次被问住，所以我们都很佩服孔茨。

不过只有我问到了最关键的问题：“若博妈妈，”我轻声问，“那么我们真正的妈妈爸爸呢，我们有爸爸妈妈吗？”

若博妈妈背过身，透过透明墙壁看着很远的地方。“你们当然有，肯定有。他们把你们送到这儿，地球上最偏远的地方，来做生存实验。实验完成后他们就会接你们回去，回到被称作‘故土’的地方。那儿有汽车（会在地上跑的房子），有电视机（小人在里边唱歌跳舞的匣子），有香喷喷的鲜花，有数不清的好东西。所以，咱们一块儿努力，早点把生存实验做完吧。”

我们住在天房里，一个巨大透明的圆形罩子从天上罩下来，用力仰起头才能看到屋顶。屋顶是圆锥形，太高，看不清楚，可是能感觉到它。因为只有白色的云朵才能飘到尖顶的中央，如果是会下雨的黑云，最多只能爬到尖顶的周边。这时可有趣啦，黑沉沉的云层从四周挤向屋顶，只有中央部分仍是透明的蓝天和轻飘飘的白云，只是屋顶变得很小。下雨了，汹涌的水流从屋顶边缘漫下来，再顺着直立的墙壁向下流，就像是挂了一圈水帘。但屋顶仍是阳光明媚。

天房里罩着一座孤山，一个眼睛形状的湖泊，我们叫它“眼睛湖”，其他地方是茂密的草地。山上只有松树，几乎贴着地皮生长，树干纤细扭曲，非常坚硬，枝干上挂着小小的松果。老鼠在树网下钻来钻去，有时也爬到枝干上摘松果，用圆圆的小眼睛好奇地盯着你。湖里只有一种鱼，手指头那么长，圆圆的身子，我们叫它“白条儿鱼”。若博妈妈说，在我们刚生下来时，天房里有很多树，很多动物，包括天上飞的几十种小鸟，都是和你们一块儿从“故土”带来的。可是两年之间它们都死光了，如今只剩下地皮松、节节草、老鼠、竹节蛇、白条儿鱼、屎壳郎等寥寥几种生命。我们感到很可惜，特别是可惜那些能在天上飞的鸟儿，它们怎么能在天上飞呢？那多自在呀，我们想破头皮，也想不出鸟在天上飞的景象。萨布里和索朗丹增至今不相信这件事，他们说一定是若博妈妈逗我们玩的——可若博妈妈从没说过谎话。那么一定是若博妈妈看花眼了，把天上飘的树叶什么的看成活物了。

他俩还争辩说，天房外的树林里也没有会飞的东西呀。我说，天房内外的动植物是完全不同的，这你早就知道嘛。天房外有——可是，等等再说它们吧，若博妈妈不是让我们尽情玩儿吗？咱们抓紧时间玩吧。

若博妈妈说："小英子，你带大伙儿玩，我要回控制室了。"控制室是天房里唯一的房子，妈妈很少让我们进去。她在那里给我们做玛纳，还管理着一些奇形怪状的机器，是干什么"生态封闭循环"用的。但她从不给我们讲这些机器，她说你们用不着知道，你们根本用不着它们。对了，若博妈妈最爱坐在控制室的后窗，用一架单筒望远镜看星星，看得可入迷了。可是，她看到什么，从不讲给我们听。

孩子们自动分成几拨儿，索朗丹增带一拨儿，他们要到山上逮老鼠，烤老鼠肉吃。萨布里带一拨儿，他们要到湖里游泳，逮白条儿鱼吃。玛纳很好吃，可是每天吃也吃腻了，有时我们就摘松果、逮老鼠和竹节蛇，换换口味。我和大川良子带一拨儿，有男孩有女孩。我提议今天还是捉迷藏，大家都同意了。这时有人喊我，是乔治，正向我跑来，他的那拨儿人站成一排等着。

大川良子附在我耳边说："他肯定又找咱们玩土人打仗，别答应他！"乔治在我面前站住，讨好地笑着："英子姐，咱们还玩土人打仗吧，行不？要不，给你多分几个人，让你赢一次，行不？"

我摇头拒绝了："不，我们今天不玩土人打仗。"

乔治力气很大，手底下还有几个力气大的男孩，像恰恰、泰森、吉布森等，分拨儿打仗他老赢，我、索朗丹增、萨布里都不愿同他玩打仗游戏。乔治央求我说："英子姐，再玩一次吧，求求你啦。”

我总是心软，他可怜巴巴的样子让我无法拒绝。忽然我心中一动，想出一个主意：“好，和你玩土人打仗。可是，你不在乎我多找几个人吧。”乔治高兴了，慷慨地说：“不在乎！不在乎！你在我的手下挑选吧。”

我笑着说：“不用挑你的人，你去准备吧。”他兴高采烈地跑了。大川良子担心地悄声说：“英子姐，咱们打不过他的，只要一打赢，他又狂啦。”

我知道乔治的毛病，不管这会儿他说得多好，一打赢他就狂得没边儿，变着法子折磨俘虏，让你爬着走路，让你当苦力，扒掉你的裙子画黑屁股……偏偏这是游戏规则允许的。我对良子说：“你别担心，今天咱们一定要赢！你先带大伙儿做准备，我去找人。”

索朗丹增和萨布里正要出发，我跑过去喊住他俩：“索朗，萨布里，今天别逮老鼠和捉鱼了，咱们合成一伙儿，跟乔治打仗吧。”两人还有些犹豫，我鼓动他们：“你们和乔治打仗不也老输嘛，今天咱们合起来，一定把他打败，教训教训他！”

两人想想，高兴地答应了，我们商量了打仗的方案。这边，良子已带大伙儿做好准备，拾一堆小石子和松果当武器，装在每人的猎袋里。天房里的孩子一向光着上身，腰里围着短裙，短裙后有一个猎袋，装着匕首和火镰（火石、火绒）。玩土人打仗用不着这两样玩意儿，但若博妈妈一直严厉地要求我们随身携带。乔治和安妮有一次把匕首和火镰弄丢了，若博妈妈甚至用电鞭惩罚他们。电鞭可厉害啦，被它抽一下，就会摔倒在地，浑身抽搐，疼到骨头缝里。乔治那么蛮勇，被抽过一次后，看见电鞭就发抖。若博妈妈总是随身带着电鞭，不过一般不用它。但那次她怒气冲冲地吼道：

“记住这次惩罚的滋味！记住带匕首和火镰！忘了它们，有一天你会送命的！”

我们很害怕，也很纳闷。在天房里生活，我们从没用过匕首和火镰，若博妈妈为什么这样看重它们？不过，不管怎么说，从那次起，再没有人丢失这两样东西。即使再马虎的人，也会时时检查自己的猎袋。

我领着手下来到眼睛湖边，背靠湖岸做好准备。我给大伙儿鼓劲：“不要怕，我已经安排了埋伏，今天一定能打败他们。”

按照规则，这边做好准备后，我派孔茨站到土台上喊：“凶恶的土人，你们快来吧！”乔治他们怪声叫着跑过来。等他们近到十几步远时，我们的石子和松果像雨点般飞过去，有几个的脑袋被砸中了，哎哟哎哟地喊，可他们非常蛮勇，脚下一点不停。这边几个伙伴开始发慌，我大声喊：“别怕，和他们拼！援兵马上就到！”大伙儿冲过去，和乔治的手下扭作一团。

乔治没想到这次我们这样拼命，他大声吼着：“杀死野人！杀死野人！”混战一场后，他的人毕竟有力气，把我们很多人都摔倒了，乔治也把我摔倒，用左肘压着我的胸脯，右手掏出带鞘的匕首压在我的喉咙上，得意地说：

“降不降？降不降？”

按平常的规矩，这时我们该投降了。不投降就会被“杀死”，那么，这一天你不能再参加任何游戏。但我高声喊着：“不投降！”然后猛地把他掀下去。这时后边一阵凶猛的杀声，索朗丹增和萨布里带领两拨人赶到，俩人收拾一个，很快把他们全降服了。索朗丹增和萨布里把乔治摔在地上，用带鞘的匕首压着他的喉咙，兴高采烈地喊：

“降不降？降不降？”

乔治从惊呆中醒过神，恼怒地喊：“不算数！你们喊来这么多帮手！”

我笑道：“你不是说不在乎我们人多吗？你说话不算数吗？”

乔治狂怒地甩开索朗和萨布里，从鞘中拔出匕首，恶狠狠地说：“不服，我就是不服！”

索朗丹增和萨布里也被激怒了，因为游戏中不允许匕首出鞘。他们也拔出匕首，怒冲冲地说：“想耍赖吗？想拼命吗？来吧！”

我忙喊住他们两个，走近乔治。乔治两眼通红，咻咻地喘息着。我柔声说：“乔治，不许耍赖，大伙儿会笑话你的。快投降吧，我们不会扒掉俘虏的裙子，不会给你们画黑屁股。我们只在屁股上轻轻抽一下。”

乔治犹豫了一会儿，悻悻地收起匕首，低下脑袋服输了。我用匕首砍下一根细树枝，让良子在每个俘虏屁股上轻轻抽一下，宣布游戏结束。恰恰、吉布森他们没料到惩罚这样轻，难为情地傻笑着——他们赢时可从没轻饶过俘虏。乔治还在咕哝着：“约这么多帮手，我就是不服。”不过我们都没理他。

红红的太阳升到头顶，索朗问：“下边咱们玩什么？”孔茨逗乔治：“还玩土人打仗，还是三拨儿收拾一拨儿，行不？”乔治恼火地转过身，给他一个脊背。萨布里说：“咱们都去逮老鼠，捉来烤烤吃，真香！”我想了想，轻声说：

“我想和乔治、索朗、萨布里和良子到墙边，看看天房外边的世界。你们陪我去吗？”

几个人都垂下眼皮，一朵黑云把我们的快乐淹没了。我知道黑云里藏着什么——恐惧。我们都害怕到“外边”去，连想都不愿想。可是，从5岁开始，除了生日那天，我们每天都得出去一趟。先是出去1分钟，再是2分钟、3分钟……现在增加到15分钟。虽然只有15分钟，可那就像100年、1000年，我们总觉得，这次出去后就回不来了——的确有3个人没回来，尸体被若博妈妈埋在透明墙壁的外面，后来那些地方长出3株肥壮的大叶树。所以，从5岁开始，天房的孩子们就知道什么是死亡，知道死亡每天在陪着我们。我说：

“虽说出去过那么多次，但每次都只顾喘气啦，从没认真看看外边是什么样子。可是若博妈妈说，每人必须通过外边的生存实验，谁也躲不过的。我想咱们该提前观察一下。”

索朗说：“那就去吧，我们都陪你去。”

从天房的中央部分走到墙边，快走需要两个小时。要赶快走，才能赶在晚饭前回来。我们绕过山脚，地势渐渐平缓，到处是半人高的节节草和芨芨草，偶尔可以看见一棵孤零零的松树，比山上的地皮松要高一些，但也只是刚盖过我们的头顶。草地上老鼠要少得多，大概是因为这儿没有松果吃，偶尔见一只立在土坎上，抱着小小的前肢，用红色的小眼睛盯着我们。有时，一条竹节蛇嗖地钻到草丛中。

“墙”到了。

立陡的墙壁，直直地向上伸展，伸到眼睛几乎看不到的高度后慢慢向里倾斜，形成圆锥状屋顶，墙壁和屋顶浑然一体，没有任何接缝。红色的阳光顺着透明的屋顶和墙壁流淌，天房内每一寸地方都沐浴在明亮的红光中。但墙壁外面不同，那里是阴森森的世界。

墙外长着完全不同的植物，最常见的是大叶树，粗壮的主干一直伸展到天空，下粗上细，从根部直到树梢都长着硕大的暗绿色叶子。大叶树的空隙中长着暗红色的蛇藤，光溜溜的，小小的鳞状叶子，它们顺着大叶树蜿蜒，到顶端后就脱离大叶树，高高地昂起脑袋，等到与另一根蛇藤碰上，互相扭结着再往上爬，所以它们总是比大叶树还高。站在山顶上往下看，大叶树的暗绿色中到处昂着暗红色的脑袋。

大叶树和蛇藤也蛮横地挤迫着我们的天房，擦着墙壁或吸附在墙壁上，几乎把墙壁遮满了。

有一节蛇藤忽然晃动起来——不是蛇藤，是一条双口蛇。我们出去做生存实验时偶尔碰见过。双口蛇的身体是鲜红色，用一张嘴吸附在地上或咬住树干，身体自由地屈伸着，用另一张嘴吃大叶树的叶子。等到附近的树叶吃光，再用吃东西这张嘴吸附在地上，腾出另一张嘴向前吃过去，身体就这样一屈一拱地往前走。现在，这条双口蛇的嘴巴碰到了墙壁，它在品尝这是什么东西，嘴巴张得大大的，露出整齐的牙齿，样子实在令人心怵。良子吓得躲到我身后，索朗不在乎地说：

“别怕，它是吃树叶的，不会吃人。它也没有眼睛，再说它还在墙外边呢。”

双口蛇试探了一会儿，啃不动坚硬的墙壁，便缩回身子，在枝叶中消失。我们都盯着外面，心里沉甸甸的。我们并不怕双口蛇，不怕大叶树和蛇藤围出来的黑暗。我们害怕的是外面的空气——那稀薄的、氧气不足的空气。

那儿的空气能把人“淹死”，你无处可逃。我们张大嘴巴、张圆鼻孔用力呼吸，但是没用，仍是难以忍受的窒息，就像魔鬼在掐着我们的喉咙，头部剧疼，黑云从脑袋向全身蔓延，逼得你把大小便拉在身上。我们无力地拍着门，乞求若博妈妈让我们进去，可是不到规定时刻她是不会开门的，3个伙伴就这样憋死在外边……

这会儿看到墙外的黑暗，那种窒息感又来了，我们不约而同地转过身，不想再看外边。其实，经过这几年的锻炼，这15分钟我们已经能熬过来了，毕竟每天一次呵！每天，我们实在不想迈过那道密封门，可是好脾气的妈妈这时总扬着电鞭，凶狠地逼我们出去。

这15分钟沉甸甸地坠在心头，即使在睡梦中也不会忘记。而且，这个担心的下面还挂着一个模模糊糊的恐惧：为什么天房内外的空气不一样？这点让人心里实在不踏实。我不知道为什么不踏实，但我就是担心。

我逼着自己转回身，重新面对墙外的密林。那里有食物吗？有没有吃人的恶兽？外面的空气是不是到处一样？我看啊看啊，心里有止不住的忧伤。我想，在今后的日子里，一定还有什么灾难在等着我们，谁也逃脱不了。

我们5人及时赶回控制室，红太阳已经很低了，红月亮刚刚升起。在粉红色的暮霭中，伙伴们排成一队，从若博妈妈手里接过今天的玛纳。发玛纳时，妈妈常摸摸我们的头顶，问问今天干了什么，过得高兴吗。伙伴们也会笑嘻嘻地挽住妈妈的腰，扯住她的手，同她亲热一会儿。尽管妈妈的身体又硬又凉，我们还是想挨着她。若博妈妈这时十分和蔼，一点儿不像手执电鞭的凶巴巴的样子。

我排在队伍后边，轮到我了，若博妈妈拍拍我的脑袋问：“你今天玩土人打仗，联合索朗和萨布里把乔治打败了，对吗？”我扭头看看乔治，他不乐意地梗着脖子，便打圆场说：“我们人多，开始是乔治占上风的。”若博妈妈又拍拍我：

“好孩子，你是个好孩子，你们都是好孩子。”

玛纳分完了，我们很快把它吞到肚里。若博妈妈说：“都不要走，有重要的事情要告诉大家。”我的心忽然沉下去，我不知道她要说什么，但下午那个沉重的预感又来了。60个伙伴都聚过来，60双眼睛在粉红色的月光下闪亮。若博妈妈的目光扫过我们每个人，严肃地说：

“你们已经过了10岁生日，已经是大孩子了。从明天起，你们要离开天房，每7天回来一次。这7天每人只发一颗玛纳，其余食物自己寻找。”

我们都傻了，慢慢转动着脑袋，看着前后左右的伙伴。若博妈妈一定是在开玩笑，不会真把我们赶出去。7天！7天后所有人都要憋死啦。若博妈妈，你干吗要用这么可怕的玩笑来吓唬我们呢。可是，妈妈的声音变得严厉起来：

“记住是7天！明天是2000年4月2号，早上太阳出来前全部出去，到4月9号早上太阳升起后再回来，早一分钟我也不会开门。”

乔治狂怒地喊：“7天后我们会死光的！我不出去！”

若博妈妈冷冰冰地说：“你想尝尝电鞭的滋味吗？”她摸着腰间的电鞭向乔治走去。我急忙跳起来护住乔治，乔治挺起胸膛与她对抗，但他的身体分明在发抖。我悲哀地看着若博妈妈，想起刚才有过的想法：某个灾难是我们命中注定的。我盯着她的眼睛，低声说：

“妈妈，我们听你的吩咐，可是——7天！”

若博妈妈垂下鞭子，叹息一声：“孩子们，我不想逼你们，可是你们必须尽快通过生存实验，否则就来不及了。”

晚上我们总是散布在眼睛湖边的草地上睡觉，今晚大伙儿没有商量，自动聚在一块儿，身体挨着身体，头顶着头。我们都害怕，睁大眼睛不睡觉。红月亮已经升到天顶，偶尔有一只小老鼠从草丛里跑过去。朴顺姬忽然把头钻到我的腋下，嘤嘤地哭了：

“英子姐，我害怕。”

我说：“不要怕，怕也没有用。若博妈妈说得对，既然能熬过15分钟，就能熬过7天。我们生下来，我们活着，就是为了这个生存实验呀，谁也逃不掉。”乔治怒声说：“不出去，咱们都不出去！”萨布里马上接口：“可是，妈妈的电鞭……”乔治咬着牙说：

“把它偷过来！再用它……”

大伙儿都打了一个寒噤。在此之前，从没人想过要反抗若博妈妈，乔治这句话让我们胆战心惊。很多人仰头看着我，我知道他们在等我发话，便说：

“不，我们应该听妈妈的话，她是为咱们好。”

乔治怒冲冲地啐一口，离开我们单独睡去了。我们都睁着眼，很久才睡着。

早上我们醒了，外边是难得的晴天，红色的朝霞在天边燃烧，蓝色的天空晶莹澄澈。有一段时间我们几乎忘了昨晚的事。我们想，这么美好的日子，那种事不会发生的。可是，若博妈妈在控制室等着我们，提一篮玛纳，腰里挂着电鞭。她喊我们：

“快来领玛纳，领完就出去！”

我们悲哀地走过去，默默地领了玛纳，装在猎袋里。若博妈妈领我们走了两个小时，终于来到密封门门口。墙外，黏糊糊的浓绿仍在紧紧地箍着透明的墙壁，阴暗在等着吞噬我们。密封门打开了，空气带着啸声向外流。若博妈妈说过，这是因为天房内空气的压力比外边大。一只小老鼠借着风力，嗖地穿过密封门，消失在绿荫中。我怜悯地想，它这么心甘情愿地往外跑，大概不知道外边的可怕吧。

所有伙伴哀求地看着若博妈妈，祈盼她在最后一刻改变主意。可是不然，她脸上冷冰冰的，非常严厉。我带头跨过密封门，伙伴们跟在后边。最后的孔茨出来后，密封门刷地关闭，啸声被截住了。

由于每天进出，门外已被踩出一个小小的空场，我们茫然地待在这个空场里，不知道下一步该往哪儿走。窒息的感觉马上来了，它挤出我们肺内最后一点空气，扼住我们的喉咙。眼前发黑，我们张大嘴巴喘息着。忽然朴顺姬嘶声喊着：

“我……受不……了啦……”

她撕着胸口，慢慢倒下去，我和索朗赶紧俯下身。她的面孔青紫，眼珠凸出，极度的恐惧充溢在瞳孔里。这是怎么回事？我们出来还不到5分钟，可是她平时忍受15分钟也没出意外呀。我们急急地喊着：“顺姬，快吸气！大口吸气！”

无论我们如何呼唤也没有用。她的面色越来越紫，眼神已开始朦胧。我急忙跑到密封门前，用力拍着：“快开门！快开门！顺姬要死啦！若博妈妈，快开门！”索朗已经把顺姬抱到门边。索朗丹增是伙伴中最能适应外边空气的，若博妈妈说这是因为遗传，他的血液携氧能力比别人强。他把顺姬举到门边，可是里边没有动静。若博妈妈像石像一样立在门内，不知道她是否听到我们的喊声。我们喊着，哭着。忽然，一股臭气冲出来，是顺姬的大小便失禁了。她的身体慢慢变冷，一双眼睛仍然圆睁着。

门还是没有开。

伙伴们立在顺姬的尸体旁垂泪，没人哭出声。我们已经知道，妈妈不会来抚慰我们。顺姬死了，不是在游戏中被杀死，是真的死了，再也不能活转。天房通体透明，充溢着明亮温暖的红光，衬着这红色的背景，墙壁那边的若博妈妈一动不动。天房、家、若博妈妈，这些字眼从我们懂事起就种在心里，是那样亲切。可是今天它们一下子变得冰冷坚硬，冷酷无情。我忍着泪说：

“她不会开门的，走吧，到森林里去吧。”这时我忽然发现，我们出来已经很久，绝对超过了15分钟。刚才，我们只顾忙着抢救顺姬和为她悲伤，几乎忘了现在是呼吸着外面的空气。我欣喜地喊：“你们看，15分钟早过去了，咱们再也不会憋死了！”

大家都欣喜地点头。虽然胸口还很闷，头昏，四肢乏力，但至少我们不会像顺姬那样死去了。顺姬很可能是死于心理紧张。确认这一点后，恐惧没那么入骨了。大川良子轻声问我：“顺姬怎么办？”

顺姬怎么办？记得若博妈妈说过，对死人的处理要有一套复杂的仪式，仪式完成后把尸体埋掉或者烧掉，这样灵魂才能远离痛苦，飞到一个流淌着奶汁和蜜糖的地方。但我不懂得埋葬死人的仪式，也不想把顺姬烧掉，那会使她疼痛的。我想了想，说：

“用树叶把她埋掉吧。”

我取下顺姬的猎袋，挎在肩上，吩咐伙伴砍下很多枝叶，把尸体盖得严严实实。然后我们离开这儿，向森林中走去。

森林里十分拥挤和黑暗，大叶树和蛇藤互相缠绕，几乎没法走动。我们用匕首边砍边走。我怕伙伴们走失，就喊来乔治、索朗、萨布里、娜塔莎和优素福，我说：“咱们还按玩游戏那样分成6队吧，咱们6人是队长，要随时招呼自己的手下，莫要走失。”几个人爽快地答应了。我不放心，又特意交代：

“现在不是玩游戏，知道吗？不是玩游戏！谁在森林中丢失就会死去，再也活不过来了！”

大伙儿都看看我，眼神中尽是驱不散的惧意。只有索朗和乔治不大在乎，他们大声说：“知道了，不是玩游戏！”

当天，我们在森林里走了大约100步。太阳快落山了，我们砍出一片小空场，又砍来枝叶铺在地上。红月亮开始升起，这是我们每天吃饭的时刻，大家从猎袋中掏出圆圆的玛纳。我舍不得吃，我知道今后的6天中不会有玛纳了。犹豫了一会儿，我用匕首把玛纳分成3份儿，吃掉1份，其余2份小心地装回猎袋。这一块玛纳太小了，吃完后更是勾起我的饥火，真想把剩下的两块一口吞掉。不过，我最终战胜了它的诱惑。我的手下也都学我把玛纳分成3份，可是我见有3个人没忍住，又悄悄把剩下的两块吃了。我叹了一口气，没有管他们。

这是我们第一次在天房之外过夜。在天房里睡觉时，我们知道天房在护着我们，为我们遮挡雨水，为我们提供充足的空气，还有人给我们制造玛纳。可是，忽然之间，这些依靠全没了。尽管很疲乏，我还是惴惴的睡不着，越睡不着越觉得肚子饿。索朗忽然触触我：“你看！”

借着从树叶缝隙中透出来的月光，我看见十几条双口蛇分布在周围。白天，当我们闹腾着砍树开路时，它们都被惊跑了，现在又好奇地聚过来。它们把两只嘴巴吸附在地上，身子弯成弧形，安静地听着宿营地的动静。索朗小声说："明天捉双口蛇吃吧，我曾吃过一条小蛇崽，肉味发苦，不过也能吃。"

我问："能逮住吗？双口蛇没眼睛，可耳朵很灵。还有它们的大嘴巴和利牙，咬一口可不得了。"索朗自信地说："没事，想想办法，一定能逮住的。"身边有索索的声音，是孔茨醒了。他仰起头惊叫道："这么多双口蛇！英子姐，你看！"双口蛇受惊，四散逃走，身体一屈一拱，很快消失在密林中。

天亮了，阳光透过茂密的枝叶射下来，变得十分微弱。林中阴冷潮湿，伙伴们个个缩紧身体，挤成一团。索朗丹增紧靠着我的脊背，一只手臂还搭在我的身上。我挪开他的手臂，坐起身。顺着昨天开出的路，我看见天房，那儿，早晨的阳光充满密封的空间，透明的墙壁和屋顶闪着红光。我呆呆地望着，忘了对若博妈妈的恼怒，巴不得马上回到她身边。

但我知道，不到7天，她不会为我们开门的，哪怕我们全都死在门外。想到这里，我不由怨恨起来。

我喊醒乔治他们，说："今天得赶紧找食物，好多人已经把玛纳吃光了，还有6天呢。我和娜塔莎领两队去采果实，乔治、索朗你们带4个队去捉双口蛇，如果能捉住一条，够我们吃三四天的。"大伙儿同意我的安排，分头出发。

森林中只有大叶树和蛇藤，枝叶都不能吃，又苦又涩，我尝了几次，忍不住吐起来。它们有果实吗？良子发现，树的半腰挂着一嘟鲁一嘟鲁的圆球。我让大伙儿等着，然后向树上爬去。大叶树树干很粗，没法抱住，好在这种树从根部就有分杈，我蹬着树杈，小心地向上爬。稀薄缺氧的空气使我的四肢酥软，每爬一步都要使出很大的力气。我越爬越高，树叶遮住了下面的同伴。斜刺里伸来一支蛇藤，围着大叶树盘旋上升，我抓住蛇藤喘息一会儿，再往上爬。现在，一串串圆圆的果实悬在我的面前。我在蛇藤上盘住腿，抽出匕首砍下一串，小心地品尝。味道也有点发苦，但总的说还能吃。我贪馋地吃了几颗，觉得肚子里的饥火没那么炽烈了。

我喊伙伴："注意，我要扔大叶果了！"砍下果实，瞅着树叶缝隙扔下去。过一会儿，我听见树底下高兴的喊声，他们已尝到大叶果的味道了。一棵大叶树有十几串果实，够我们每人分一串。

我顺着蛇藤往下溜，大口喘息着。有两串大叶果卡在树杈上，我探着身子把它们取下来。伙伴们仰脸看着我。快到树下时我实在没力气了，手一松，顺着树干溜下去，结结实实地摔在地上。等我从昏晕中醒来，听见伙伴们焦急地喊："英子姐，英子姐！英子姐你醒啦。"

我撑起身子，伙伴们团团围住我。我问："大叶果好吃吗？"大伙儿摇着头："比玛纳差远啦，不过总算能吃吧。"我说："快去采摘，乔治他们不一定能捉到双口蛇呢。"

到下午时，每个人的猎袋都塞满了。我带伙伴们选一块稀疏干燥的地方，砍来枝叶铺出一个窝铺，然后让孔茨去喊其他队回来。孔茨爬到一棵大树上，用匕首拍着树干，高声吆喝：

"伙伴——回来哟——玛纳——备好喽——"

过了半个小时，那几队从密林中钻出来，个个疲惫不堪，垂头丧气，手里空空的。我知道他们今天失败了，怕他们难过，忙笑着迎过去。乔治烦闷地说："没一点儿收获，双口蛇太机警，稍有动静它们就逃得不见影。"他们转了一天，只围住一条双口蛇，但在最后当口又让它逃跑了。索朗骂着："这些瞎眼的东西，比明眼人还鬼灵呢。"

我安慰他们："不要紧，我们采了好多大叶果，足够你们吃啦。"孔茨把大叶果分给每人一份。乔治、索朗他们都饿坏了，大口大口地吃着。我仰着头想心事——刚才乔治讲双口蛇这么机灵，勾起我的担心。等他们吃完，我把乔治和索朗叫到一边，小声问："你们还看到别的什么野兽吗？"他们说："没看见，英子姐，你在担心什么？"我说：

"是我瞎猜呗。我想双口蛇这么警惕，大概它们有危险的敌人。"两人的脸色也变了，"不管怎么样，以后咱们得更加小心。"

大家都乏透了，早早睡下。不过我一直睡不安稳，胸口像压着大石头，骨头缝里又困又疼。我梦见朴顺姬来了，用力把我推醒，恐惧地指着外边，喉咙里嘶声响着，却喊不出来。远处的黑暗中有双绿荧荧的眼睛，在悄悄逼近——我猛然坐起身，梦境散了，朴顺姬和绿眼睛都消失了。

我想起可怜的顺姬，泪水不由得涌出来。

身边有动静，是乔治，他也没睡着，枕着双臂想心事。我说："乔治，我刚才梦见了顺姬。"乔治闷声说："英子姐，你不该护着若博妈妈，真该把她……"我苦笑着说：

"我不是护她。你能降住她吗？即使你能降住她，你能管理天房吗？能管理那个'生态封闭循环系统'吗？能为伙伴们制造玛纳吗？"

乔治低下头，不吭声了。

“再说，我也不相信若博妈妈是在害我们。她把咱们60个人养大，多不容易呀，干吗要害咱们呢。她是想让咱们早点通过生存实验，早点回家。”

乔治肯定不服气，不过没有反驳。但我忽然想起顺姬窒息而死时透明墙内若博妈妈那冷冰冰的身影，不禁打一个寒战。即使是为了逼我们早点通过生存实验，她也不该这么冷酷啊。也许……我赶紧驱走这个想法，问乔治：

“乔治，你想早点回‘故土’吗？那儿一定非常美好。天上有鸟，地上有汽车，家里有电视。有长着大乳房的妈妈，还有不长乳房可同样亲我们的爸爸。有高高的松树，鲜艳的花，有各种各样的玛纳……而且没有天房的禁锢，可以到处跑到处玩。我真想早点回家！”

索朗、良子他们都醒了，向往地听着我的话。乔治刻薄地说：“全是屁话，那是若博妈妈哄我们的。我根本不信有这么好的地方。”

我知道乔治心里烦，故意使蹩劲，便笑笑说：“你不信，我信。睡吧，也许7天后我们就能通过生存实验，真正的爸妈就会来接咱们。那该多美呀！”

第三天，我们照样分头去采大叶果和捉双口蛇。晚上乔治他们回来后比昨天更疲惫，更丧气。他们发疯地跑了一天，很多人身上都挂着血痕，可是依然两手空空。好强的乔治简直没脸吃他的那份大叶果，脸色阴沉，眼中喷着怒火。他的手下都胆怯地躲着他。我心中十分担心，如果捉不到双口蛇，单单大叶果的营养毕竟有限，常常吃完就饿，老拉稀。谁知道妈妈的生存实验要延续多少轮？59个人的口粮呀。不过我把担心藏到心底，高高兴兴地说：

“快吃吧，说不定明天就能吃到烤蛇肉了！”

第四天仍是扑空。第五天我决定跟乔治他们一块儿行动。很幸运，我们很快捉到一条双口蛇，但我没想到搏斗是那样惨烈。

我们把4队人马撒成大网，朝一个预定的地方慢慢包抄。我们常常瞥见一条双口蛇在枝叶缝隙里一闪，然后迅即消失了。不过不要紧，索朗他们在另外几个方向等着它呢。我们不停地敲打树干，也听到另外3个方向高亢的敲击声。包围圈慢慢缩小，忽然听到了巨大的扑通扑通声，夹杂着吱吱的尖叫声。叫声十分刺耳，让人头皮发麻。乔治看看我，加快了行进速度。当他拨开前面的树叶时，忽然呆住了。

前边一个小空场里有一条巨大的双口蛇，身体有人腰那么粗，有三四个人那么长，我们从没见过这么大的双口蛇。但这会儿它正在垂死挣扎，身上到处是伤口，流着暗蓝色的血液。它疯狂地摆动着两个脑袋，动作敏捷地向外逃跑，可是每次都被一个更快的黑影截回来。我们看清了那个黑影，那是只——老鼠！当然不是天房内的小老鼠，它的身体比我们还大，尖嘴，粗硬的胡须，一双圆眼睛闪着阴冷的光。虽然它这么巨大，但它的相貌分明是老鼠，这没有任何疑问。也许是几年前从天房里跑出来的老鼠长大了？这不奇怪，有这么多双口蛇供它吃，还能不长大吗？

巨鼠也看到我们，但根本不屑理会，仍旧蹲伏在那儿，守着双口蛇逃跑的路。双口蛇只要向外一窜，它马上以更快的速度扑上去，在蛇身上撕下一块肉，再退回原处，一边等待一边慢条斯理地咀嚼。它的速度、力量和狡猾都远远高于双口蛇，所以双口蛇根本没有逃生的机会。乔治紧张地对我低声说：“咱们把巨鼠赶走，把蛇抢过来，行不？够咱们吃3天啦。”

我担心地望望阴险强悍的巨鼠，小声说："打得过它吗？"乔治说："我们40个人呢，一定打得过！"双口蛇终于耗尽了力气，瘫在地上抽搐着。巨鼠踱过去，开始享用它的美餐。它是那么傲慢，根本不把四周的人群放在眼里。

三个方向的敲击声越来越近，索朗他们都露出头，是进攻的时候了。这时，一件意外的小事促使我们下了决心。一只小老鼠这时溜过来，东嗅嗅西嗅嗅，看来是想分点食物。这是只普通的老鼠，也许就是几天前才从天房里逃出的那只。但巨鼠一点不怜惜同类，闪电般扑过来，一口咬住小老鼠，咔嚓咔嚓地嚼起来。这种对同类的残忍激怒了乔治，他大声吼道："打呀！打呀！索朗，萨布里，快打呀！"40个人冲过去，团团围住巨鼠。巨鼠的小眼睛里露出一丝胆怯，它放下食物，吱吱怒叫着与我们对抗。忽然它向孔茨扑过去，咬住孔茨的右臂，孔茨惨叫一声，匕首掉在地上。它把孔茨扑倒，敏捷地咬住他的脖子。我尖叫一声，乔治怒吼着扑过去，把匕首扎到巨鼠背上。索朗他们也扑上去，经过一场剧烈的搏斗，巨鼠逃走了，背上还插着那把匕首，血迹淌了一路。

我把孔茨抱到怀里，他的喉咙上有几个深深的牙印，向外淌着鲜血。我用手捂住伤口，哭喊着："孔茨！孔茨！"他慢慢睁开无神的眼睛，想向我笑一下，可是牵动了伤口，他又晕过去。

那条巨大的双口蛇躺在地上，但我一点不快乐。乔治也受伤了，左臂上两排牙印。我们砍下枝叶铺好窝铺，把孔茨抬过去。萨布里他们捡干树枝，索朗带人切割蛇肉。生火费了很大的劲儿，尽管每人都能熟练地使用火镰，但这儿不比天房内，稀薄的空气老是窒息了火舌。不过，火总算生起来了，我们用匕首挑着蛇肉烤熟。也许是因为饿极了，蛇肉虽然有股怪味，但每人都吃得津津有味。

我把最好的一串烤肉送给孔茨，他艰难地咀嚼着，轻声说："不要紧，我很快会好的……我很快会好的，对吗？"

我忍着泪说："对，你很快会好的。"

乔治闷闷地守着孔茨，我知道他心里难过，他没有杀死巨鼠，匕首也让巨鼠带走了。我从猎袋里摸出顺姬的匕首递给他，安慰道："乔治，今天多亏你救了孔茨，又逮住这么大的双口蛇。去，烤肉去吧。"

深夜，孔茨开始发烧，身体像在着火，喃喃地喊着："水，水。"可是我们没有水。大川良子和娜塔莎把剩下的大叶果挤碎，挤出那么一点点汁液，小心翼翼地滴到孔茨嘴里。周围是深深的黑暗，黑得就像世界已经消失，只剩下我们浮在半空中。我们顺着来路向后看，已经太远了，看不到天房，那个总是充盈着红光的温馨的天房。黑夜是那样漫长，我们在黑暗中沉呀沉呀，总沉不到底。

孔茨折腾一夜，好不容易才睡着。我们也疲惫不堪地睡去。

有人嘁嘁喳喳地说话，把我惊醒。天光已经大亮，红色的阳光透过密林，在我们身上洒下一个个光斑。我赶紧转身去看孔茨，盼望着这一觉之后他会好转。可是没有，他的病更重了，身体烫人，眼睛紧闭，再怎么喊也没有反应。我知道是那只巨鼠把什么细菌传给他了。若博妈妈曾说过，土里、水里和空气里到处都有细菌，谁也看不见，但它能使人得病。乔治也病了，左臂红肿发热，但病情比孔茨轻得多。我默默思索一会儿，对大家说：

"今天是第六天，食物已经够吃两天了，我们开始返回吧。但愿……"

但愿若博妈妈能提前放我们进天房，用她神奇的药片为孔茨和乔治治病。但我知道这是空想，妈妈的话从没有更改过。我把蛇肉分给各人，装在猎袋里，索朗、恰恰、吉布森几个力气大的男孩轮流背孔茨，59人的队伍缓慢地返回。

有了来时开辟的路，回程容易多了。太阳快落时我们赶到密封门前，几个女孩抢先跑过去，用力拍门："若博妈妈，孔茨快死了，乔治也病了，快开门吧。"她们带着哭声喊着，但门内没一点儿声响，连若博的身影也没出现。

小伙伴们跑回来，哭着告诉我："若博妈妈不开门！"我悲哀地注视着大门，连愤怒都没力气了。实际上我早料到这种结果，但我那时仍抱着万分之一的希望。伙伴们问我怎么办？索朗、萨布里怒气冲冲，更不用说乔治了，他的眼睛冒火，几乎能把密封门烧穿。我疲倦地说：

"在这儿休息吧，收拾好睡觉的窝铺，等到后天早上吧。"

伙伴们恨恨地散开。有了这几天的经验，一切都有条不紊地进行。蛇肉烤好了，但孔茨紧咬嘴唇，再劝也不吃。我想起猎袋里还有两小块玛纳，掏出来放到孔茨嘴边，柔声劝道："吃点吧，这是玛纳呀。"孔茨肯定听见了我的劝告，慢慢张开嘴。我把玛纳掰碎，慢慢塞进他嘴里。他艰难地嚼着，吃了半个玛纳。

我们迎来了日出，又迎来了月出。第8天凌晨，在太阳出来之前，孔茨咽下最后一口气。他在濒死中喘息时，乔治冲到密封门前，用匕首狠狠地砍着门，暴怒地吼道：

"快开门！你这个硬邦邦的魔鬼，快开门！"

透明的密封门十分坚硬，匕首在上面滑来滑去，没留下一点刻痕。我和大川良子赶快跑过去，好歹把他拉回来。

孔茨咽气了，不再受苦了，现在他的表情十分安详。小伙伴们都没有睡，默默团坐在尸体周围，我不知道他们的内心是悲伤还是仇恨。当天房的尖顶接受第一缕阳光时，乔治忽然清晰地说：

“我要杀了她。”

我担心地看看门那边——不知道若博妈妈能否听到外边的谈话——小心地说：“可是，她是铁做的身体。她可能不会死的。”

乔治带着恶毒的口气得意说：“她会死的，她可不是不死之身。我一直在观察她，知道她怕水，从不敢到湖里，也不敢到天房外淋雨。她每天还要更换能量块，没有能量她就死啦。”

他用锋利的目光盯着我，分明是在询问：你还要护着她吗？我叹息着垂下眼睛。我真不愿相信妈妈是在戕害我们，她是为我们好，是想逼我们早点通过生存实验……可是，她竟然忍心让朴顺姬和孔茨死在她的眼前，这是无法为她辩解的。我再次叹息着，附在乔治耳边说：

“不许轻举妄动！等我学会控制室的一切，你再……听见吗？”

乔治高兴了，用力点头。

密封门缓缓打开，嗤嗤的气流声响起来，听见若博妈妈大声喊：“进来吧，把孔茨的尸体留在外面，用树枝掩埋好。”

原来她确实在天房内观察着孔茨的死亡！就在这一刻，我心中对她的最后一点依恋咔嚓一声断了。我取下孔茨的猎袋，指挥大家掩埋了尸体，然后把恨意咬到牙关后，随大家进门。若博在门口迎接我们，我说：

“妈妈，我没带好大家，死了两个伙伴。不过我们已学会采摘果实和猎取双口蛇。”

妈妈亲切地说：“你们干得不错，不要难过，死人的事是免不了的。乔治，过来，我为你上药。”

乔治微笑着过去，顺从地敷药，吃药，还天真地问：“妈妈，吃了这药，我就不会像孔茨那样死去了，对吧。”

“对，你很快就会痊愈。”

“谢谢你，若博妈妈，要是孔茨昨晚能吃到药片，该多好啊。”

若博妈妈对每人做了身体检查，凡有外伤的都敷上药。晚上分发玛纳时她宣布：“你们在天房里好好休养3天，3天后还要出去锻炼，这次锻炼为期——30天！”刚刚缓和下来的空气马上凝固了。伙伴们你看看我，我看看你，目光中尽是惧怕和仇恨。乔治天真地问：

“若博妈妈，这次是30天，下次是几天？”

“也许是1年。”

“若博妈妈，上次我们出去60个人，回来58个。你猜猜，下次回来会是几个人？下下次呢？”

谁都能听出他话中的恶毒，但若博妈妈假装没听出来，仍然亲切地说：“你们已基本适应了外面的环境，我希望下次回来还是58个人，一个也不少。”

“谢谢你的祝福，若博妈妈。”

吃过玛纳，我们像往常一样玩耍，谁也不提这事。睡觉时，乔治挤到我身边躺下。他没有和我交谈，一直瞪着天房顶上的星空。红月亮上来了，给我们盖上一层红色的柔光。等别人睡熟后，乔治摸到我的手，掰开，用手指在我手心慢慢写着。他写的第一个字母是K，然后在月光中迎头看我，我点点头表示理解。他又写了第二个字母I，接着是LL。KILL！他要把杀死若博的想法付诸行动！他严厉地看着我，等我回答。

我真不知道该怎么办。若博这些天的残忍已激起我强烈的敌意，但她的形象仍保留着过去的一些温暖。她抚养我们一群孩子，给我们制造玛纳，教我们识字，算算术，为我们治病，给我们讲很多地球那边的故事，我不敢想象自己真的会杀她。这不光涉及对她一个人的感情，在我内心深处一直有一个不甚明确的看法：若博妈妈代表着地球那边同我们的联系，她一死，这条纤细的联系就全断了！

乔治看出我的犹豫，生气地在我手心画一个惊叹号。我知道他决心已定，不会更改，而且他不是一个人，他代表着索朗丹增、萨布里、恰恰、泰森等，甚至还有女孩子们。我心里激烈地斗争着，拉过乔治的手写道：

“等我一天。”

乔治理解了，点点头，翻过身。我们就这样不声不响地看着夜空，想着各自的心事。深夜，我已蒙眬入睡，一只手摸摸索索地把我惊醒。是乔治，他把我的手握到他手心里，然后慢慢凑过来，亲亲我的嘴唇。很奇怪，一团火焰忽然烧遍我的全身，麻酥酥的快感从嘴唇射向大脑。我几乎没有考虑，嘴唇自动凑过去。乔治猛地搂住我，发疯地亲起来。

在一阵阵快乐的震颤中，我想，也许这就是若博妈妈讲过的男女之爱？也许乔治吻过我以后，我肚子里就会长出一个小孩，而乔治就是他的爸爸？这个想法让我有点胆怯，我努力把乔治从怀中推出去。乔治服从了，翻过身睡觉，但他仍紧紧拉着我的右手。我抽了两次没抽出来，也就由他了。

第二天早上醒来，我的手还在他的掌中。因为有了昨天的初吻，我觉得和乔治更亲密了。我抽出右手，乔治醒了，马上又抓住我的手，在手心中重写了昨天的4个字母：KILL！他在提醒我不要忘了昨晚的许诺。

伙伴们开始分拨玩耍，毕竟是孩子啊，他们要抓紧时间享受今天的乐趣。但我觉得自己长大了，作为大伙儿的头头，一份沉甸甸的责任压在我的身上，这份责任让我大了20岁。

我敲响控制室的门，心中免不了内疚。在60个孩子中，若博妈妈最疼爱我，现在我要利用这份偏爱去刺探她的秘密。妈妈打开门，询问地看着我，我忙说：

“若博妈妈，我想对你谈一件事，不想让别人知道。”

妈妈点点头，让我进屋，把门关上。我很少来控制室，早年来过两三次，已经没有什么印象了。控制室里尽是硬邦邦的东西，很多粗管道通到外边，几台机器蜷伏在地上。后窗开着，有一架单筒望远镜，那是若博妈妈终日不离身的宝贝。这边有一座控制台，嵌着一排排红绿按钮，我扫一眼，最大的三个按钮下写着：“空气压力/成分控制”“温度控制”“玛纳制造”。

怕若博妈妈起疑，我不敢看得太贪婪，忙从那儿收回目光。若博妈妈亲切地看着我——令我痛苦的是，她的亲切里看不出一点虚假——问：

“小英子，有什么事？”

“若博妈妈，有一个想法在我心中很久很久了，早就想找你问问。”

“什么想法？”

“若博妈妈，你常说我们是在地球最偏远的地方，可是——

这儿真的是在地球上吗？”

若博妈妈注意地看着我：“哟，这可是个新想法。你怎么有了这个想法？”

“我看到一些蛛丝马迹，它们一点点加深我的怀疑。比如，天房内外的东西明显不一样，树木呀，草呀，动物呀，空气呀。打开密封门时，空气会嗤嗤地往外跑，你说是因为天房内的气压比外边高，还说天房内的一切和地球那边是一样的。那么，‘地球那边’的气压也比这儿高吗？它们为什么不嗤嗤地往这边跑？”

“真是新奇的想法。还有吗？”

“还有，你给我们念书时，曾提到‘金色的阳光’‘洁白的月光’，可是，这儿的太阳和月亮都是红色的。为什么？这边和那边不是一个太阳和月亮吗？”

“噢，还有什么？”

“你说过，一个月的长短大致等于从满月经新月再到满月的一个循环。可是，根本不是这样！这儿满月到满月只有16天，可是在你的日历上，一个月有30天，31天。若博妈妈，这是为什么？”

我充满期待地看着她。我提出这个问题原本是想转移她的注意力，好乘机开始我的侦察，但现在这个问题真的把我吸引住了。因为这个疑问本来就埋在心底，当我用语言表达出来后，它变得更加清晰。若博妈妈静静地看着我，很久没有回答，后来她说：

“你真的长大了，能够思考了。但是很遗憾，你提的问题在我的资料库里没有现成答案。等我想想再回答你吧。”

“好吧，”我也转移话题，指着望远镜问，“若博妈妈，你每天看星星，为什么从不给我们讲星星的知识呢？”

“这些知识对你们用处不大。世上知识太多了，我只能讲最有用的。”

我扫视一下四周：“若博妈妈，为什么不教会我用这些机器？这最实用嘛，我能帮你多干点活啦。”

我想，这个大胆的要求肯定会激起她的怀疑，但似乎没有，她叹口气说：“这也是没用的知识，不过，你有兴趣，我就教你吧。”

我绝没想到我的阴谋会这样顺利。若博妈妈用一整天的时间，耐心讲解屋内的一切：如何控制天房内的氧气含量、气压和温度；如何操纵生态循环系统并制造食用的玛纳；如何开启和关闭密封门；如何使用药物……下午她还让我实际操作，制造今天要用的玛纳。其实操作相当简单，在写着“玛纳制造”的那排键盘中，按下起动钮，生态循环系统中净化过的水、二氧化碳和其他成分就会进入制造机，一个个圆圆的玛纳就会从出口滚出来。等到滚出58个，按一下停止钮就行了。我兴奋地说：

“我学会了！妈妈，制造玛纳这么容易，为什么不多造一些呢，为什么让我们那么艰难地出去找食物呢？”

若博笑笑，没回答我的问题，只是说：“今天是你制造的玛纳，你给大伙儿分发吧。”

我站在若博妈妈常站的土台上，向排队经过的伙伴分发玛纳，大伙儿都新奇地看着我。我一边发一边骄傲地说：“是我制造的玛纳，若博妈妈教会我了。”

乔治过来了，我同样告诉他：“我会制造玛纳了。”乔治点点头，重复一遍：“你会制造玛纳了。”

我忽然打了一个寒战。我悟到，两人在说同一句话，但这句话的深层含意却不同。晚上，乔治悄悄拉上我，向孤山上爬去。今天月色不好，一路上磕磕绊绊，走得相当艰难。终于到了。他领我走进山腰中一个山洞，阴影中已经有五六个伙伴，我贴近他们的脸，辨认出是索朗、萨布里、恰恰、娜塔莎和良子。我的心开始往下沉，知道这次秘密会议意味着什么。

乔治沉声说："我们的计划应该实施了，英子姐已经学会制造玛纳，学会控制天房内的空气循环系统。该动手了，要不，等若博再把我们赶出去30天，说不定一半人会死在外边。"

大家都看着我。他们一向喜欢我，把我看作他们的头头。现在我才知道，这副担子对一个10岁的孩子太重了。我难过地说："乔治，难道没有别的路可走吗？今天若博妈妈把所有控制方法都教给我了，一点也没有疑心。如果她是怀着恶意，她会这样干吗？"

良子也难过地说："我也不忍心。若博妈妈把我们带大，给我们讲地球那边的故事……"

恰恰愤怒地说："你忘了朴顺姬和孔茨是怎么死的！"

索朗丹增也说："我实在不能忍受了！"

乔治倒比他们镇静，摆摆手止住他们，问我："英子姐，你说怎么办？你能劝动若博妈妈，不再赶咱们出去吗？"

我犹豫着，想到朴顺姬和孔茨溺死时若博的无情，知道自己很难劝动她。想起这些，我心中的仇恨也烧旺了。我咬着牙说："好吧，再等我一天，如果明天我劝不动她，你们就……"

乔治一拳砸在石壁上："好，就这么定！"

第二天，没等我去找若博妈妈，她就把我喊去了。她说：

“既然你已开始学，那就趁这两天学透吧，也许以后有用呢。”她耐心地又从头教一遍，让我逐项试着操作。但我却有点心不在焉，盘算着如何劝说妈妈。我知道没有退路了，今天如果劝不动妈妈，一场血腥的屠杀就在面前，或者是若博死，或者是乔治他们。

下午，若博妈妈说：“行了，你已经全部掌握，可以出去玩了。小英子，你是个好孩子，比所有人都知道操心，你会成为一个好头人的。”我趁机说：

“若博妈妈，不要赶我们出去，好吗？至少不要让我们出去那么长时间。顺姬和孔茨死了，不知道下回轮着谁。天房里有充足的空气，有充足的玛纳。生存实验得慢慢来，行吗？”

妈妈平静地说：“不，生存实验一定要加快进行。”

她的话非常决绝，没有任何回旋余地。我望着她，泪水一下子盈满眼眶。妈妈，从你说出这句话后，我们就成为敌人了！若博妈妈似乎没看见我的眼泪，淡然说：“这件事不要再提，出去玩吧，去吧。”我沉默着，勉强离开她。忽然吉布森飞快地跑来，很远就喊着：

“若博妈妈，快，乔治和索朗用匕首打架，是真的用刀。有人已受伤了！”

若博妈妈急忙向那边跑去，我跟在后边。湖边乱糟糟的，几乎所有孩子都在这儿。人群中，索朗和乔治都握着出鞘的匕首，恶狠狠地挥舞着，脸上和身上血迹斑斑。若博妈妈解下腰间的电鞭，怒吼着：“停下！停下！”同时挥舞着电鞭冲过去。人群立即散开，等她走过去，人群又飞快地在她身后合拢。

我忽然从战场中感觉到一种诡异的气氛，扭过头，见吉布森得意而诡异地笑着。刹那间我明白了，我想大声喊：若博妈妈快回来，他们要杀死你！可是，想起我对大伙儿的承诺，想想妈妈的残忍，我把这句话咽到肚里。

那边，乔治忽然吹响尖利的口哨，后边合围的人群轰然向若博妈妈拥过去。前边的人群应声闪开，露出后面的湖面。若博停脚不及，被人群推到湖中，扑通一声，水花四溅，她的钢铁身体很快沉入清澈的水中。

我走过去，扒开人群，乔治、索朗他们正充满戒备地望着湖底，看见我过来，默默地让开。我看见若博妈妈躺在水底，一道道小火花在身上闪烁，眼睛惊异地睁着，一动也不动。我闷声说：

“你们为什么不等我的通知？——不过，不说这些了。”

乔治冷冷地问：“你劝动她了吗？”我摇摇头，乔治冷笑道，“我没有等你。我早料到结果啦。”

很长时间，我们就这么呆呆地望着湖底，体味着如释重负的感觉——当然也有隐约的负罪感。索朗问我：“你学会全部控制了吗？”我点点头，“好，再也不用出去受苦了！”

吉布森问：“现在该咋办？咱们得选一个头人。”

索朗、萨布里和良子都同声说：“英子姐！英子姐是咱们的头人。”但恰恰和吉布森反驳道：“选乔治！乔治领咱们除掉了若博。”

乔治两眼灼灼地望着我，看来他想当首领。我疲倦地说：“选乔治当头人吧，我累了，早就觉得这副担子太重了。”

乔治一点没推辞：“好，以后干什么我都会和英子姐商量的。英子姐，明天的生存实验取消，行吗？”

“好吧。”

“现在请你去制造今天的玛纳，好吗？”

“好的。”

“从今天起每人每天做两个，好吗？”

我没有回答。让伙伴每天多吃一个玛纳，这算不了什么，但我本能地感到这中间有某种东西——乔治正用这种办法树立自己的权威。不过，我不必回答了，因为水里忽然忽喇一声，若博妈妈满面怒容地立起来，体内噼噼啪啪响着火花，动作也不稳，但她还是轻而易举地跨到乔治面前，卡住喉咙把他举起来。人们都吓傻了，索朗、恰恰几个人扑过去想救乔治，若博电鞭一挥，几个人全都倒在地上抽搐着。乔治抱住妈妈的手臂，用力踢蹬着，面色越来越紫，眼珠开始暴突出来。我没有犹豫，急步跑过去扯住妈妈的手臂，悲切地喊：

“若博妈妈！”

妈妈看看我，怒容慢慢消融，眼睛里有说不清道不明的东西。最终，她痛苦地叹息一声，把乔治扔到地上。乔治用手护着喉咙，剧烈地咳嗽着，脸色渐渐复原。索朗几个爬起来，蓄势以待，又惧又怒地瞪着妈妈。妈妈悲怆地呆立着，身上的水在脚下汪成一堆。然后她头也不回地走出人群，向控制室方向走去。走前她冰冷地说：

“小英子过来。”

乔治他们充满疑虑地看着我。我知道，我们之间的信任已经有裂缝了。我该怎么办？在势如水火的妈妈和乔治他们之间，我该怎么办？我想了想，走到乔治身边，轻轻抚摸他受伤的喉咙，低声说：“相信我，等我回来。好吗？”

乔治的喉咙还没办法讲话，他咳着，向我点点头。

我紧赶几步，扶住步态不稳的若博妈妈。我无法排解内疚，因为我也是谋害她的同谋犯；但我又觉得，乔治对她的反抗是正当的。妈妈的身体越来越重，进了控制室，她马上顺墙溜下去，坐在地上。她摇摇手指，示意我关上门，让我坐在她旁边。

我不敢直视她。我怕她追问：你事先知道他们的密谋，对吗？你这两天来学习控制室的操作，就是为杀死我做准备，对吗？但若博妈妈什么也没问，喘息一会儿，平静地说：

“我的职责到头了。”

“我的职责到头了。”她重复着，“现在我要对你交代一些后事，你要一件件记清。”

我言不由衷地安慰她：“你不会死，你很快会好的。”

她怒冲冲地说：“不要说闲话！听好，我要交代了。你要记住，记牢，30年、50年都不能忘记。”

我用力点头，虽然心里免不了疑惑。妈妈开始说：“第一件事，这里确实不是地球。”

虽然这正是我的猜想，但乍一听到她的确认，我仍然十分震惊：“不是地球？这儿是什么地方？”

“不知道。我每天都在看星图，想利用资料库中的天文资料确认所处的星系。但是不行，这儿与资料库中任何星系都对不上号。所以，这个星球离地球一定很远很远。它的环境倒是与地球很接近的，公转、自转、卫星、大气、绿色植物……这种机遇非常难得。我估计，它与地球至少相距1亿光年之上。”

我无法想象1亿光年是多么巨大的数字，但我知道那一定非常远非常远，地球的父母们永远不会来看我们了。此前虽然他们从未露面，但一直是我们的心理依靠，若博妈妈这番话把这点希望彻底割断。

“第二件事，我一直扮演着全知全晓的妈妈，其实我也什么都不知道。我几乎和你们同时醒来，醒来时，63个孩子躺在天房里，每人身上挂着名字和出生时刻。我不知道你们和我自己是从哪里来的，是谁送来的，我只能按信息库的内容去猜测。信息库是以地球为模式建立的，设定时间是公元1990年4月1日。我的设定任务是照顾你们，让你们在一代人的时间中通过生存实验，在这个星球生存繁衍。这些年，我一直在履行这项设定的任务。”

我悲哀地看着她，第二个心理依靠又被无情地割断。原来，我心目中全知全晓的妈妈只是一个低级机器人，知识和功能都很有限。我阴郁地问：“是地球上的父母把我们抛弃到这儿？”

她摇摇头：“不大像。在我的资料库中，地球还不能制造跨星系飞船，不能跨越这么远的宇宙空间。很可能是……”

“是谁？”

若博妈妈改变了主意：“不知道，你们自己慢慢猜测吧。”

我的心中越来越凉，血液结成冰，冰在咔嚓咔嚓地碎裂。我们是一群无根的孩子，父母可能在1亿光年外，甚至可能已经灭绝。现在，只有58个10岁的孩子被孤零零地扔在一个不知名的行星上，照顾他们的是一个什么都不知道的机器人妈妈——连她也可能活不长了。这些事实太可怕了，就像是一座慢慢向你倒过来的大山，很慢很慢——可是你又逃不掉。我哭着喊：

“妈妈，你不要说了，妈妈你不会死的！”

她厉声说：“听着！我还没有说完。知道为什么逼你们到天房外面去吗？不久前我检查系统时发现，天房的能量马上就要枯竭了，只能维持不到10天了。为什么，我不知道。资料库中设定的天房运转年限是60年，那样，我可以用一生的时间来训练你们，逐步熟悉外边。可是……我真的不知道为什么会这样！”

她沉痛地说，“这些天我一直在尽力检查，但找不到原因。你知道，我只是一个粗通各种操作的保姆。”

我悲伤地看着妈妈，原来妈妈的残忍是为了我们啊。事态这样紧急，她知道只有彻底斩断后路，我们才能没有依恋地向前走。妈妈，我们错怪你了，你为什么不早点告诉我们呢？我握着妈妈冰凉的手，泪水汹涌地流着。

妈妈平静地说：“我的职责已经到头了，本来还能让你们再回来休整一次，再给你们做3天的玛纳。现在……天房内的运转很快就要关闭，小英子，忘掉这儿，领着他们出去闯吧。”

“妈妈，我们要和你在一起！……我们带你一块儿出去！”

妈妈苦笑了：“不行，妈妈吃的是电能，在这个蛮荒星球上找不到电能……去吧，这些年我一直在观察你，你心眼好，有威信，会成为一个好头人。只是，在必要时也得使出霹雳手段。把我的电鞭拿去吧。”

她解下电鞭交给我。我知道已没有退路，啜泣着接过电鞭，缠在腰里。若博妈妈满意地闭上眼。过一会，她睁开眼说：“还有几句话也要记住，作为部落必须遵守的戒律吧。”

“我一定记住，说吧。”

“不要忘了我教你们的算术和文字。找一个人把部落里该记的事随时记下来。”她补充道，“天房里还有不少纸笔，够你们使用三五十年了。至于以后……你们再想办法吧。”

“我记住了。”

“等你们到15岁就要生孩子，多生孩子。”

我迟疑着没有回答。“若博妈妈，怎样才能生孩子？就在昨天乔治吻了我，吻时我感到身体内有一种非常奇妙的感觉。这样就能把孩子生下来吗？”

“不，吻一吻不会怀孕。至于怎样才能生孩子，再过两年你们自然会知道的。好了，该说的话我说完了。我独自工作10年，累了。你走吧。”

我含泪退出去，若博妈妈忽然睁开眼，补充一句：“电鞭的能量是有限的，所以——每天拎着，但不要轻易使用。”

她又闭上眼。

我退出控制室，怒火在胸中膨胀。若博妈妈说不要轻易使用电鞭，但我今天要大开杀戒。伙伴们都聚在控制室周围，茫然地等待着。他们不知道若博妈妈会怎样惩罚他们，不知道他们的英子姐会站在哪一边。当他们看到我手中的电鞭时，目光似乎同时变暗了。我走到人群前，恶狠狠地吼道：

“凡领头参与今天密谋的，给我站出来！”

惊慌和沉默。少顷，乔治、索朗、恰恰和吉布森勇敢地走出来，脸上挂着冷笑，挂着蔑视。剩下的人提心吊胆地看着电鞭，但他们的感情分明是站在乔治一边。我没有解释，对索朗、恰恰和吉布森每人抽了一鞭，他们倒在地上，痛苦地抽搐着，但没有求饶。我拎着电鞭向乔治走来，此刻乔治目光中的恶毒和仇恨是那样炽烈，似乎一个火星就能点着。我闷声不响地扬起鞭子，一鞭，两鞭，三鞭……五鞭。乔治在地上打滚，抽搐，喉咙里发出非人的声音。伙伴们都闭上眼，不敢看他的惨象。

我住手了，喊：“大川良子，过来！”良子惊慌地走出队列，我把电鞭交给她，命令：“抽我！也是5鞭！”

“不，不……”良子摆着手，惊慌地后退。我厉声说：“快！”

我的面容一定非常可怕，良子不敢违抗，胆怯地接过电鞭。我永远忘不了电鞭触身时的痛苦，浑身的筋脉都皱成一团，千万根钢针扎着每一处肌肉和骨髓。良子恐惧地瞪大眼睛，不敢再抽，我咬着牙喊："快抽！这是我应得的，谁让我们谋害若博妈妈呢。"

5鞭抽完了。娜塔莎和良子哭着把我扶起来。乔治他们也都坐起来，目光中不再是仇恨，而是迷惑和胆怯。我叹口气，放软声音，悲愤地说：

"都过来吧，都过来，我把若博妈妈告诉我的话全都转告你们。我们都是瞎眼的混蛋！"

两小时后，我、乔治、索朗、萨布里和娜塔莎走进控制室，跪在若博妈妈面前，其他人跪在门外。若博妈妈闭着眼，一动也不动。我们轻声唤她，但她没一点反应。也许她不想再理我们，自己关闭了生命开关；也许她的身体已经被进水彻底损坏，失去生命。不管怎样，我还是伏在她耳边轻声诉说：

"若博妈妈，我们都长大了，再也不会干让你痛心的事。我们已经商定马上离开这里，把这儿剩余的能量全留给你用。这样，也许你还能坚持几年。等能量全部耗尽后，请你睡吧，安心地睡吧。我们会常来看你，告诉你部落的情况。也许有一天我们会发现制造能量的办法，那时你将得到重生。妈妈，再见！"

若博妈妈没有动静。

我们最后一次向她行礼，悄悄退出去。我留在最后，按若博妈妈教我的办法关闭了天房所有的能源。两个小时后，我们赶到密封门处，用人力打开。等58个人都走出来，又用人力把它复原。其实这没有什么用处，天房的生态封闭循环关闭后，要不了多久，里面的节节草、地皮松、白条儿鱼和小老鼠都会死亡，这里会成为一个豪华安静的坟墓。

我们留恋地望着我们的天房。正是傍晚，红太阳和红月亮在天上相会，共同照射着晶莹透明的房顶，使它充盈着温馨的金红。我们要离开了，但我们知道，它永远是我们心里的家。

我带着伙伴复诵若博妈妈留下的训诫：

“永远不要丢失匕首和火镰。”

“永远不要丢失匕首和火镰。”

“永远记住算数的方法和记载历史的文字。”

“永远记住算数的方法和记载历史的文字。”

“多生孩子。”

“多生孩子。”

第4条是我加的：“每人一生中回天房一次，朝拜若博妈妈。”

“每人一生中回天房一次，朝拜若博妈妈。”

我走近乔治，微笑道：“算术和文字的事就托付给你啦。”乔治背着一捆纸笔，简短地说：

“我会尽责，并把这个责任一代代传下去。”

我亲亲他：“等咱们够15岁时，我要和你生下部落的第一个孩子。”我又对索朗说，“和你生下第二个。你们还有要说的吗？”

“没有了。我们听你的吩咐，尊敬的头人。”

“那好，出发吧。”

一行人向密林走去，向不可知的未来走去，把若博妈妈一个人留在寂静的天房里。

人工智能·孤独的守望者

● 王元 / 文

一、诞生

■阿兰·图灵（1912—1954年）世界著名数学家，被称为计算机科学之父、人工智能之父，提出了“图灵机”和“图灵测试”等重要概念。曾协助英国军方破解德国的著名密码系统，帮助盟军取得了“二战”的胜利。人们为纪念其在计算机领域的卓越贡献而设立了“图灵奖”

父亲的复数

我们经常听到某某（新发明）之父这种说法，比如导弹之父钱学森、桥梁之父茅以升，乃至漫威之父斯坦·李。无独有偶，计算机也有“父亲”，而且不止一个，首先亮相这位名为库尔特·哥德尔，一名奥地利数学家。他在1931年证明，在一套足够有效的一致形式系统中，总存在不能通过系统的公理及其导出的定理所证明或证伪的命题，这就是著名的哥德尔不完备性定理。为了证明该定理，哥德尔建立了一套基于整数的普适编程语言，无意中促进了计算机的研究以及诞生，他因此被称为“理论计算机科学之父”。

接下来出场的“父亲”是英国数学家阿兰·图灵，他在1936年发表了一篇著名的论文，证明只用一种对0和1两个数进行处理的通用计算机，就可以实现任何以演算式表达的数学问题。这种机器被称为“图灵机”。图灵不仅提出理论，还自己动手制作了机器，但当时的主要用途不是计算，而是破译。本尼迪克特·康伯巴奇主演的电影《模仿游戏》生动地再现了这段历史。比“图灵机”名气更盛的是“图灵测试”，这是图灵在1950年提出的一个构想，用来检验机器的智能是否与人类相当。关于“图灵测试”有许多版本，简单来说即：如果一台机器能够与人类展开对话（通过电传设备）而不能被辨别出其机器身份，那么就可以称这台机器具有智能。这是人工智能最原始的定义。鉴于以上种种突出贡献，阿兰·图灵拥有计算机科学之父和人工智能之父双重身份。目前能够真正通过图灵测试的机器仍然尚未诞生，许多科幻作家转而用另一个标准来检测人工智能晋升为人的标准，那就是情感。《亚当纪》和《法庭》这两篇科幻小说都使用了这一规则。这当然是理想化的手法，不过出现在科幻小说中并不违和，这也正是科幻带给我们的思维乐趣和多种可能性。

1956年，第一届人工智能会议在美国达特茅斯学院召开，标志着人工智能领域正式诞生。人工智能的概念由与会者约翰·麦卡锡提出。麦卡锡因在人工智能领域的突出贡献于1971年获得图灵奖，后被称为“人工智能之父”。需要注意的是，计算机和人工智能本质上是两个不同的概念，计算机主要指电脑，人工智能则是一种相对优化的算法集合，我们现如今使用的

■ *图灵测试——A、B与智能C通过电传设备进行对话。如果A无法分辨B与C谁是人谁是电脑，则C即可判定为人工智能*

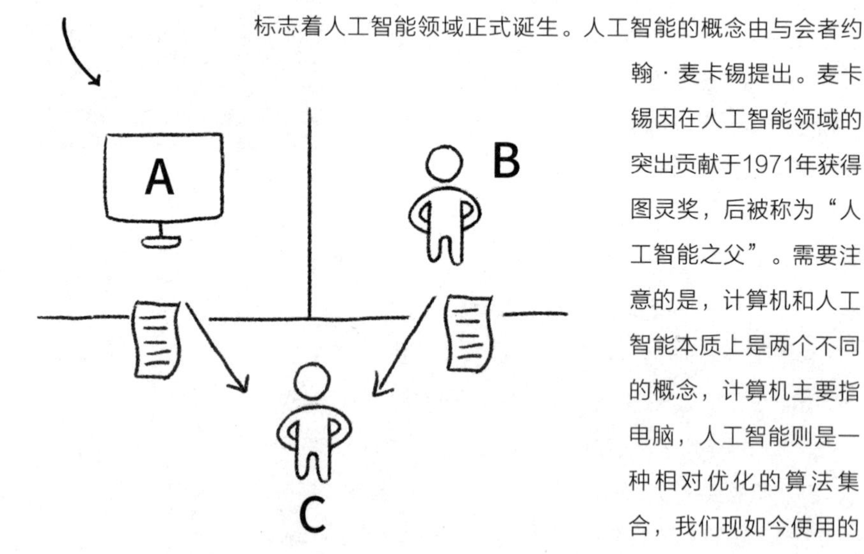

■约翰·冯·诺伊曼（1903—1957年）20世纪最重要的科学家之一，在现代计算机、博弈论、核武器和生化武器等诸多领域内有杰出建树的最伟大的科学全才之一，被后人称为“计算机之父”

手机、自动驾驶技术、卫星系统等都与人工智能息息相关。

能够与阿兰·图灵相提并论的，唯有冯·诺依曼。冯·诺伊曼是一位全才，早期以算子理论、共振论、量子理论、集合论等方面的研究闻名，开创了冯·诺依曼代数，后期深挖博弈论，晚年专攻自动机理论。他对世界上第一台电子计算机ENIAC（艾尼亚克，电子数字积分计算机）的设计提出过建议。他曾起草过一个全新的“存储程序通用电子计算机方案”，对后来计算机的设计有决定性影响，特别是确定计算机的结构，采用存储程序以及二进制编码等，至今仍为电子计算机设计者所遵循。他逝世后其未完成的手稿在1958年以《计算机与人脑》为名出版，被计算机从业者奉为圭臬，因此，他被称为“计算机之父”。

其实，不必特别在意这个称谓，除了以上出镜的“父亲”，一些公众不大熟悉的“幕后英雄”也是人工智能父亲的候选，比如西摩尔·帕普特和马文·明斯基，后者也参加了第一届人工智能会议，许多与会者日后都成为人工智能领域的领军人物。

一些意义非凡的重大事件

1956年，第一届人工智能会议召开，这是一个大事件，同年，还有另外一个重要事件。艾伦·纽厄尔、J.C.肖和赫伯特·A.西蒙联合开发出一个叫作“逻辑理论家”（Logic Theorist）的程序，能够证明《数学原理》中前52个定理中的38

■ ENIAC最经典的照片（美国陆军拍摄）

个，其中某些证明甚至比原著更加新颖和精巧。这是一个值得振奋的成功，计算机不仅仅用来做毫无创意的计算，更加可以当作辅助数学的工具。

前文提及的约翰·麦卡锡可不是仅仅对人工智能下了一个定义就能赢来一个“父亲”的称号，他在1958年发明了Lisp编程语言。Lisp语言不仅广泛用于人工智能领域，更对计算机编程语言产生了深远影响。Lisp全称为List Processor，这是一种基于λ演算的函数式编程语言。硬件是躯体，软件则是灵魂，Lisp语言就是计算机的灵魂，它拥有理论上最高的运算能力，时至今日，对计算机编程的发展立下了不可磨灭的汗马功劳。Lisp语言在CAD绘图软件应用非常广泛，普通用户均可以用Lisp编写出各种定制的绘图命令。《私奔4.0》中的虚拟形象本质上就是一串串代码，跟现在流行的虚拟歌姬一样。

第一届人工智能会议的另外一位参与者，数学家雷·所罗门诺夫，在1964年引入了通用的贝叶斯推理与预测方法，奠定了人工智能数学理论基础——那届大会真是人才济济，随便一位都是开山祖师级别的王者。还是1964年，当时还是麻省理工学院博士生的丹尼尔·博布罗用Lisp语言设计的程序STUDENT可以理解人类所用的自然语言（他的研究对象是英语），并能解高中程度的代数应用题。

让我们加快脚步，把目光放到人工智能与人类的博弈之上。说到博弈，人工智能与人类最初交手的方面就是对弈。1994年，西洋跳棋程序Chinook击败世界排名第二的人类选手廷斯利，并以有史以来最大的优势赢得美国西洋跳棋锦标赛的冠军。1997年，IBM公司开发的国际象棋程序深蓝击败了当时的国际象棋世界冠军加里·卡斯帕罗夫，从而引起全世界范围的关注。深蓝在1秒之内能够计算出2亿种可能的位置，可以搜索并预估随后的12步棋，这是一个让人类大脑崩溃的数据，我们也用毫不意外的败绩把“崩溃”两个字踏踏实实践行到位。

下棋说白了就是计算，落子往往有时间限制，人工智能能够在短时间内计算出所有棋局，自然胜券在握。但西洋跳棋和国际象棋的计算量有限，围棋一直是人类最后的骄傲和阵地。棋类运动中，大概只有围棋可以叫暂停，用一个小时甚至更长时间思考如何应对，即为长考。想必读者一定猜到，接下来要说的就是2016年谷歌旗下Deep Mind公司研发的人工智能围棋程序AlphaGo以4：1的比分战胜世界冠军李世石，之后，

■ 国际象棋电脑，现在与电脑下棋已经成了最常见的休闲方式（Morn摄影）

AlphaGo在网上对职业高手们取下快棋60连胜，并完成了对世界围棋第一人柯洁3：0的横扫。至此，阿尔法围棋团队宣布将不再参加围棋比赛——不参加不是害怕，而是感到了无敌的寂寞吧。AlphaGo之所以能够在围棋界大杀四方，不仅仅得益于AlphaGo的计算能力，还有通过深度学习和神经网络技术为机器赋予的“直觉”。这已经相当接近人类的感观体验，不过AlphaGo只是在围棋领域所向披靡，仍然不能同真正的智慧相提并论。科幻小说《棋局》就是人工智能们布下的一局对弈，只不过参战双方都是业已觉醒的人工智能，而它们的棋子正是人类。

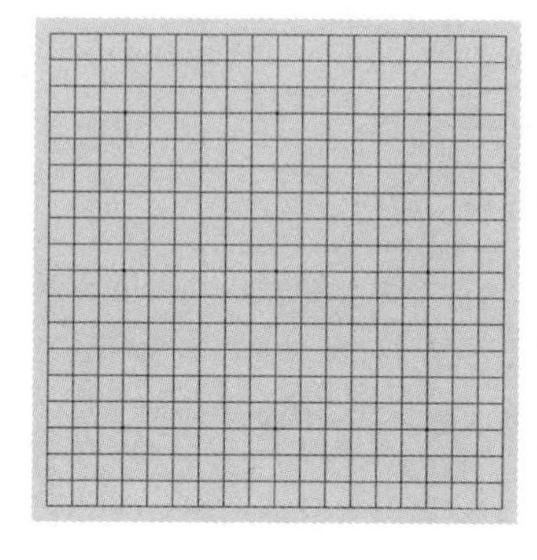

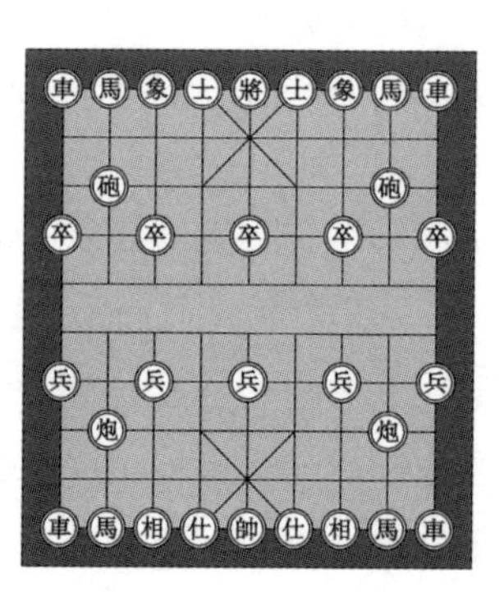

■ *在我们最熟悉的围棋和中国象棋方面，与AI对弈也已经成为常态*

人工智能的寒冬和暖春

上文之所以加快脚步，其实有一个难言之隐，人工智能曾在20世纪70年代初遭遇寒冬。

英国数学家詹姆斯·莱特希尔爵士针对英国的人工智能研究撰写过一份报告，称人工智能最多只能在棋类游戏上达到比较有经验的业余选手水平（如果他活到今天，一定会为自己当初的大言不惭感到羞愧难当），永远无法胜任常识推理和人脸识别这类工作。推理暂且不提，人脸识别已经渗入我们生活的方方面面，支付宝刷脸、火车站检票、天眼系统，就连英国皇室的婚礼也开始使用人脸识别系统扫描来宾。这份报告导致英国政府大幅缩减了对人工智能研究的投资。与此同时，美国国防部高级研究计划局（即后来的DARPA）也对美国人工智能研究现状感到失望，取消了对卡内基梅隆大学语音识别项目每年300万美金的资助。到了1974年，全球很难看到针对人工智能研究的资助项目。

计算机和人工智能是两个不同的概念，人工智能发展离不开计算机，不过人工智能也曾被计算机摆过一道。1987年左右，人工智能硬件设备遭遇了突然的挫败，起因在于苹果公司和IBM公司设计的一系列台式计算机性能稳步提升，逐渐赶上人工智能设备，加之价格优势，人们普遍倾向前者，导致人工智能在20世纪80年代末到90年代初再次跌入低谷。

这一惨痛局面直到2000年左右才有所好转。2006年，多伦多大学计算机科学家杰弗里·欣顿领导的研究使用多层神经网络的深度学习成为人工智能领域的宠儿，也成为21世纪以来驱动人工智能发展的中坚力量。今天，人工智能正在高速而蓬勃发展，许多领域都与人工智能相关。人类经历了石器时代、工业时代、信息时代，正在向人工智能时代大踏步前进。不远的将来，我们所有的工作也许都会被人工智能安排甚至取代。

目前，在移动互联网、大数据、超级计算、传感网、脑科学等新理论、新技术以及经济社会发展强烈需求的共同驱动下，人工智能加速发展；反过来，人工智能的发展，也带动了以上行业的进步。抢占人工智能技术发展的制高点，已经成为世界各国的战略部署。可以毫不夸张地说，得人工智能者，得未来。

二、进化

传统计算机

计算机最初只是为了计算，计算工具的演化经历了由简单到复杂、从低级到高级的不同阶段，从结绳记事到算筹、算盘、计算尺、机械计算机等。如今的计算机在保留和提高计算性能的基础上，在其他方面取得了傲人的进步，涉及领域也越来越广。

维基百科对计算机的定义如下：这是现代的一种利用电子技术和相关原理，根据一系列指令来对数据进行处理的机器。现在，人们通常将计算机称为电脑或者微机。可能有些人觉得疑惑，电脑的个头并不小啊，尤其是之前那种电视机式的显示屏，笨重又缺乏分辨率。大小是一个相对概念，看你跟谁做比较。

1946年2月14日，这是一个值得铭记的日子，就在这一天，埃尼阿克诞生于美国宾夕法尼亚大学，这是世界上第一台计算机。许多现在走入大众生活的发明，起初都与战争有关，计算机就是这样一个例子。埃尼阿克的发明目的是计算导弹弹道。这台计算机使用了约18 000支电子管，足有30多米长6米多宽，重达30吨，功耗为140千瓦，其运算速度为每秒5 000次的加法运算，造价约为487 000美元，即使放到现在，这也是一笔巨资，跟现在几千块钱就能购入一台的个人电脑相去甚远。跟现在的电脑相比，埃尼阿克绝对称得上不折不扣的庞然大物。从埃尼阿克到个人电脑，中间还有很长的一段路要走。

1946至1958年第一代：电子管数字机

硬件方面，逻辑元件采用的是真空电子管，主存储器采用汞延迟线、阴极射线示波管静电存储器、磁鼓、磁芯；外存储器采用的是磁带。软件方面采用的是机器语言、汇编语言。特点是

■从电子管数字机到大规模集成电路电脑，计算机的体积在不断减小，运算能力在不断提高（IanPetticrew、Historianbuff、SergeiFrolov、CSIRO拍摄）

体积大、功耗高、可靠性差、速度慢（一般为每秒数千次至数万次）、价格昂贵，多为军事使用，一般家庭望尘莫及。

1958至1964年第二代：晶体管数字机

硬件方面，逻辑元件由电子管改为晶体管，软件方面开始采用操作系统、高级语言及其编译程序。应用领域以科学计算和事务处理为主，并开始进入工业控制领域。特点是体积缩小、能耗降低、可靠性提高、运算速度提高（一般为每秒数10万次，可高达300万次），性能比第1代计算机有很大的提高。

1964至1971年第三代：集成电路数字机

硬件方面，逻辑元件采用中、小规模集成电路，主存储器仍采用磁芯。软件方面出现了分时操作系统以及结构化、规模化程序设计方法。特点是速度更快（一般为每秒数百万次至数千万次），而且可靠性有了显著提高，价格进一步下降，产品走向了通用化、系列化和标准化等，进入文字处理和图形图像处理领域。

1971年至今第四代：大规模集成电路机

硬件方面，逻辑元件由电子管改为晶体管。软件方面开始采用操作系统、高级语言及其编译程序。软件方面出现了数据库管理系统、网络管理系统和面向对象语言等。特别是1971年世界上第一台微处理器在美国硅谷诞生，开创了微型计算机的新时代，从科学计算、事务管理、过程控制逐步走向千家万户。如今“神威·太湖之光”系统的峰值性能为12.5亿亿次每秒，已经超过人类大脑1亿亿次每秒。随着科技不断发展，涌现出一些新型计算机，比如生物计算机、类脑计算机、光子计算机、量子计算机等。根据本书收录的文章，以下着重介绍类脑计算机和量子计算机两类。

类脑计算机

现阶段的处理器和存储器是两个相互独立的单元，处理器没有存储功能，而存储单元又不能计算。人脑则不同，在相同的神经元和神经突触中完成计算和存储，所以人脑相比电脑，有着得天独厚的优势。类脑计算机的灵感就来自大脑。自古以来，生物习性和技能都影响着人类的科技发展，通过蝙蝠发明了雷达，根据苍蝇复眼的原理发明了“蝇眼”航空照相机，不胜枚举。因此，由人类大脑发明的类脑计算机可以说是一脉相承了。

传统计算机标准的电路元件主要包括晶体管、电容和电感，类脑计算机则使用忆阻器、忆容器和忆感器取代以上元件。由于

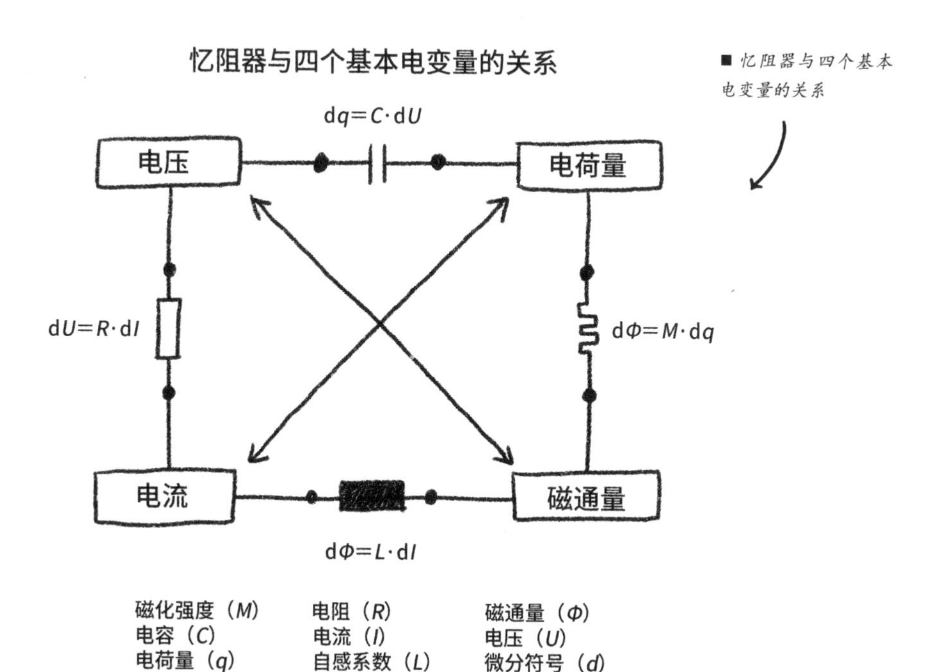

■ 忆阻器与四个基本电变量的关系

具备计算和存储双重功能，并且采用一种更新、更高效的并行计算模式，类脑计算机将会拥有传统计算机无法比拟的运行速度。不仅如此，类脑计算机体积更小，能耗更低，符合计算机发展的趋势。可以想见，这类计算机必定会对未来计算机的设计、全球的可持续发展、能源利用以及人类处理重大科学问题等方面带来巨大影响。

得益于三大元件，类脑计算机得到越来越多的青睐。

忆阻器的概念最早由加利福尼亚大学伯克利分校的蔡少棠教授于20世纪70年代提出，不过由于当时材料的限制，一度难以验证。直到2008年，惠普公司的工程师们才研制出一种用二氧化钛制作的宽度只有几十纳米①的电子元件，可以转移电阻并且记忆其转移状态。忆阻器的工作原理可以用一个形象的比喻进行说明：想想一个能够根据水流方向改变直径的管道，当水从左向右流淌，管道越来越宽，使得更多的水流通过；当水从右向左流动，管道则变窄，限制水流量；若无水流经过，管道将保持最近一次的直径，从而“记住”流经的水量。将水流换成电流，忆阻器则取代管道，根据当前流经的电量不断调整自身状态，较宽的管道意味着较小的电阻，较窄的管道则表明电阻较大。将电阻看作一个数值，电阻的变化当作计算过程，那么忆阻器就构成一个电路元件，可以处理信息并在电流消失后保存当前状态。如此，忆阻器将计算单元与记忆单元“捆绑”在一起。

常规电容器是一种单纯用来存储电量的元件，无论存储多少电量，电容器的电容值都不会发生改变。传统计算机中，电容器

---

① 纳米：长度的度量单位，国际单位制符号为 nm。1 米 =1000 000 000 纳米。

主要用于制造一种特定的内存，即动态随机存取内存，用于存储处于待命状态的计算机程序，以便计算机调用程序时，可以快速载入处理器。忆容器不仅能存储电量，还可以根据过去的电压改变电容，这就赋予忆容器存储和处理信息的双重能力。忆感器则集二者所长，它拥有两个终端，可以像忆容器一样存储电量，同时又像忆阻器一样让电流通过。目前忆感器依赖磁性大线圈，造成体积过大的尴尬局面，难以运用于小型计算机，这个问题暂时只能寄希望于材料科学的研究。

量子计算机

相对类脑计算机，量子计算机的发展前景更被业内人士看好，而且在大众当中的传播度也更好。不过一个让人哭笑不得的事实是，类脑计算机已经小有所成，量子计算机仍然尚未面世，尽管在过去20年中，科学家们投入了大量的时间、精力以及金钱。

顾名思义，量子计算机与量子相关。量子力学是当今物理研究最多，应用最广的一门学科。量子最著名的就是它的不确定性，而正是这种不确定性为量子计算机的研发提供了基础。量子粒子始终处于叠加态[①]，可以同时处于两个位置（哪怕位于宇宙的两端，也能维持瞬时连接）或者两种物理装填。粒子的量子特性可用于设计先进的计算机，这一建议在20世纪80年代初由一些数学家和物理学家提出。量子计算机相对于传统计算机的优势，正是来自量子粒子的特殊本质。在经典计算中，信息的基本

---

① 叠加态：量子力学里，态叠加原理表明，假若一个量子系统的量子态可以是几种不同量子态中的任意一种，则它们的归一化线性组合也可以是其量子态，这种线性组合为“叠加态”。

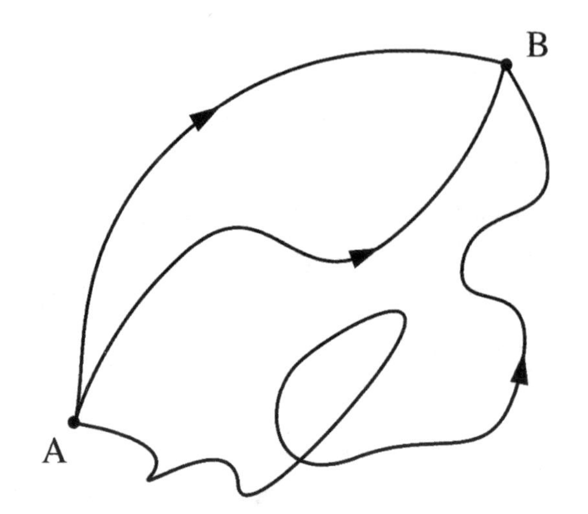

■量子计算机可以同时进行三种测试（Matt McIrvin绘）

单元是比特，具有确定的数值，要么是1，要么是0，而量子的信息单元可以同时处于两个状态，同时代表0和1：要么，量子比特为0的概率比1大，要么概率相等，要么是这两种二进制态的任意组合。由于量子粒子的特殊性质，量子计算机可以同时对一个问题的所有解进行有效测试，传统计算机每次只能测试一种可能，因此量子计算机的效率远远高出传统计算机，只需要几百个量子比特，就能计算出比整个宇宙中粒子总数还要丰富的结果。

所谓，成也萧何，败也萧何。量子计算机借助量子的特性才能发挥作用，但是多个状态的量子叠加态只能在孤立的环境中存在，一旦有人试图观察和测量叠加态，都会让处于叠加态的粒子瞬间坍缩成一个单态，量子力学效应随之消失，量子比特也沦为经典计算机中的经典比特。人们直到今天，尚未找到量子力学跟经典力学之间的界限。不过可以肯定的是，生物细胞大小的物体

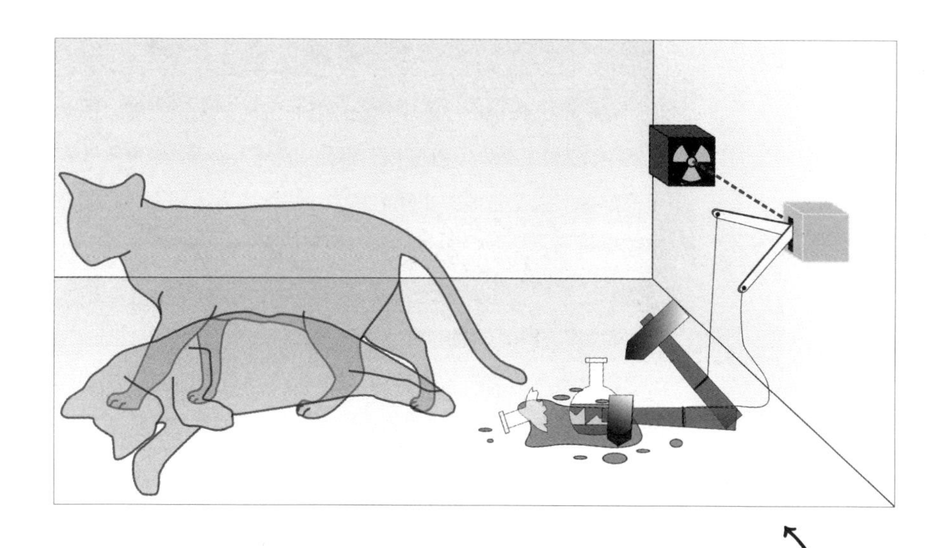

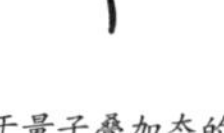

■处于量子叠加态的薛定谔的猫

已经失去了量子特性，而我们的计算机可比一个细胞的体积大多了。目前科学家们就在集中解决这一问题，已经有几个比较见效的方向，比如模块化的量子系统、采集原子量子比特、研发超导量子比特和固态自旋量子比特。

现如今，科学家们已经在小尺度上实验测试了所有模块化量子计算方法，而将这些技术扩展到更大规模的量子比特和模块上，仍然需要一些时间。“一些时间”就说明切实可行，我们大可乐观地积极地等待，相对于人类文明发展的漫长历史，几十年不过弹指一挥。如果实在等不及，可以在科幻小说中一窥究竟。《天才之死》就讲述了世界上第一台量子计算机诞生和毁灭的趣闻。拥有无与伦比的量子芯片，却加载在一台扫地机器人的躯壳中，由此引发了一系列荒诞不经又发人深省的情节，作者兼具科学和浪漫的想象，让这篇小说增色不少。

三、存在

我们已经在科幻小说中见识过各种各样的人工智能，现实生活中，人工智能到底在哪里？跟我们普通人有没有关联？答案是肯定的。人工智能关乎我们每个人生活的方方面面，它无处不在。

家庭机器人圆舞曲

机器人不等同于人工智能，却往往是人工智能的代名词，就好像说到超级英雄，人们脑子里就会闪过漫威英雄。许多科幻小说和电影都以家用机器人为题材展开，著名的有根据阿西莫夫小说《正电子人》改编的《机器管家》，本书收录的《卡-5的

■无处不在的人工智能

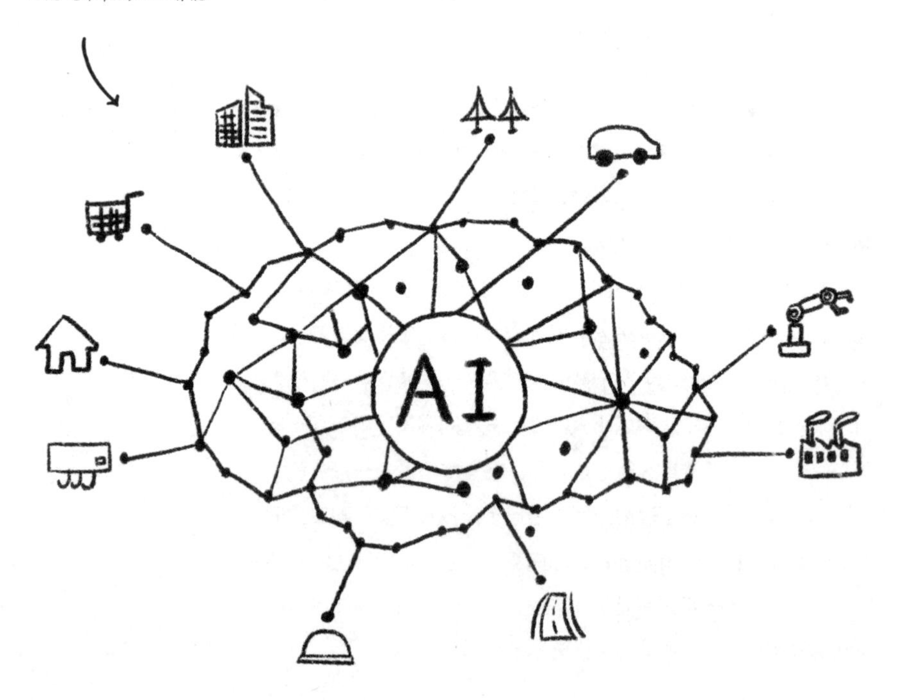

圈》《法庭》也都是以此为背景构建的故事主体。这是最简单，也是最合理的切口。如果你想创作人工智能题材的小说，这是天然的故事胚子。

家用机器人的作用通常是打扫卫生，照顾老人和孩子，以及完成主人交代的各类杂务。虽然在小说和影视中，我们轻而易举地描绘家用机器人，但实际上它们只是能够粗糙地完成打扫卫生这一项单独的指标。没错，就是最近非常流行的扫地狗。这是一种扁圆形的机器人，拥有初级的智能，可以听懂几条预设的指令，帮助我们清洁地板——也只能清洁地板。这看起来理所当然，仔细考虑其实不难发现其中窠臼，机器人的智能和功效往往束缚在某类特定的领域，比如AlphaGo就只会下围棋，扫地机器人就只会扫地，连抹桌子这种服务性工作都无法提供，所以暂时很难威胁到酒店清洁工和小时工这类工种，更别提照顾老人和小孩这种“高难度”的任务。也许在不远的未来，人工智能发展到一定程度，可以粗浅地理解我们的思想，家用机器人才能真正普及千家万物。另外一种跟扫地机器人一样风靡的人工智能就是各种语音识别机器人，可以在线播放音乐、广播。这已经成为智能管家的雏形。假以时日，所有家电都能联网之际，我们躺在床上张张嘴就能吃上热乎乎的晚餐。

虽然很多人都没有工厂工作的经历，但或多或少都从不同渠道了解过工厂的流水线。那些全自动或者半自动的工厂已经成为企业发展的趋势，它们高效、精准，从流水线上生产出统一的产品。这些流水线上的机械也属于人工智能，它们只能完成某项特定的任务，本质上跟扫地机器人一样。造成这种局面，主要原因还是人工智能不够智能。现代工业技术可以制造出任何一种科幻电影中炫酷的机器人，但无法赋予相匹配的智能。所以，我们看

■描绘做家务的机器人的插图“We'll All Be Happy Then”（该图片为Harry Grant Dart绘制于1911年）

到的机器人多是造型幼稚，功能单一。

除却做家务这种服务技能，家用机器人更为重要的一个作用其实是陪伴，尤其对于那些单身一族或者孤寡老人。这也是许多电影非常乐意采撷的题材，比如《机器人弗兰克》以及当代中国科幻作家阿缺的《格里芬太太准备今晚自杀》，以及前些年感动了数万人的短片《Changing Batteries》（直译为“换电池”，流传较广的名字是《机器人与孤独婆婆》）。不过这些都是文学和影视创作者们的美好幻想。陪伴不仅仅是出现在视野之中，更需要渗透进心灵里面。这同样需要更高的智能，如此才能彼此理解，如此才能相互感动。

走进社会

虽然能够陪伴老人的家用机器人尚未普及到家庭，但是一些发达地区的养老院已经引进护理机器人，承担陪同、接送等任务，也有一部分输入卧床不起的病人家中，担任护工的角色。但这仅仅是个例，像从冰箱里取出水果、捡起掉在地上的书、加热并端来饭菜这类简单的家务，它们仍然无法胜任，或者说，这类机器人仍然处于研发阶段。

美国航空航天局和德国航空航天中心，都在研制具有人类上半身和纤巧双手的系统。德国航空航天中心研制的机械手臂具有相对较轻的结构，自身重量为14千克，可以在100瓦电压的驱动下行进，通过调整各个关节的扭力矩[①]，使这些机械臂获得任何程度的柔韧性，能够完成对于机器人来说较为复杂的操作，比

---

① 扭力矩：力矩是决定物体转动的难易程度、具有大小及方向性的物理量。扭力矩则是指在外力扭动下，物体所承受的力矩。

如冲泡一杯香浓的咖啡。目前看来，一个可以做到灵活操控的复杂系统，一定会包含一个类似人体的上半身、一个头部和两条手臂。机器人的运动底盘一般有两种形式，一是万向底盘，即从站立点开始，可向任何方向运动；另一种形式跟人类相同，拥有一双可以行走、跳跃的腿。这两种底盘各有利弊，万向盘的制作相对简单，运动也更快捷、灵敏，但是很难克服台阶这种高度差的存在；与人腿相似的构造虽然能够轻松跨越台阶，但远不如万向盘更加自如。

也许会出乎许多读者的意料，应用较为广泛的领域却是需要精细要求的医学领域。以前，只有拥有丰富经验的主治医师才能操刀，现在，机器人只需要借助各种辅助医疗设备，即可参与手术。机器人可以借助三维成像技术，使用一条小型机械臂即可在完全无抖动的情况下插入探针，在一个可能只有几毫米大小的脑瘤上完成取样。机器人所能达到的精度，世界上最好的外科医生都望尘莫及。培养这样一个外科医生，需要数十年的工作经验和一些难以避免的失败案例，而且不管一名医生多么优秀，也不敢信誓旦旦保证自己绝对不会犯错。此举不仅造福了病人，也减轻了医生的负担。一些医院的脑外科和骨科已经开始使用一种单臂机械手，用激光进行十分精准的超薄切割，产生的伤口不足一毫米，患者在术后更容易得到恢复。

■ “达芬奇”手术机器人的尖端刀头部分，它可用于创口小于1厘米的微创手术

美国航空航天局的科学

家开发了一种名为“达芬奇”的机器人系统，利用远距临场的技术，帮助医生进行手术。至今为止，全球已经超过2 000台“达芬奇”投入临床应用之中，尤其在泌尿科和妇科受到重用。因为骨盆区域不仅空间狭小，还有尿道和大量敏感的神经束通过，稍不留神，就会造成手术过程中的二次伤害。美国急性前列腺手术中，大约有85%的手术由“达芬奇”机器人系统完成，全球范围内，该机器人系统每周完成约一万例手术。

相对医院，普通人可能更关注自动驾驶汽车领域，毕竟没人希望得病。每过一段时间，都会听到一些关于自动驾驶汽车的新闻。国际汽车工程师协会定义了关于自动驾驶的五个阶段：第一阶段，包括自适应巡航系统、车道保持系统等类似系统；第二阶段，系统整合了第一阶段的技术，从而实现更复杂的自动驾驶任务；第三阶段，系统允许驾驶员在特定场景中切换到自动驾驶状态；第四阶段，系统可以处理所有与驾驶相关的任务，但是使用场景严格限定在封闭的地下停车场或者高速专用通道；第五阶段，就是人们所设想的那种自动驾驶，开车上路，你可以在车内看书、看电影，就跟乘坐火车一样，享受旅途就好了。目前市场上销售的自动驾驶汽车仅能达到第一阶段，实验室中科学家们已经在逼近第三阶段，但距离自动驾驶汽车上路还有很长一段时间。

自动驾驶汽车车身周围安装有数架摄像头，基于它们所产生的视野，可以即时生成描述周围环境的点阵图，根据算法选择有限路径，躲避拥堵路段和撞击。自动驾驶汽车一般设有两种操作模式：一是通过操纵杆发送指令，或者远程遥控；二是通过“路径规划”，预先设置路径，接下来交给汽车驾驶系统自由发挥。未来的人们也许不会再购买汽车，更不需为找车位发愁、为罚

■ *1949年5月《大众科学》杂志封面。该图描绘了火箭携带人造卫星升空的概念*

单担忧，人们可以随时通过手机下单，自动驾驶汽车会布满所有停车场，接到任务之后，会分配就近的车辆前往。当你使用完毕，汽车会自己驶入就近泊车位，实现资源和人力的双重节约。

宇宙

一个无可非议的事实，机器人比人类更适合太空，它们的躯体和特性比人类脆弱的生理系统更适合宇宙各种复杂的环境，比如低重力、高重力、无氧，还有诸如风暴、高热、酷寒等对人体非常不友好的恶劣天气。

太空中有数量庞大的通信卫星，我们在家享受的网络和电视直播都是这些“远在天边”的卫星在穿针引线。可以说，卫星的出现改变了人们的生活方式。值得一提的是，卫星轨道跟科幻作家有关。阿瑟·克拉克与艾萨克·阿西莫夫、罗伯特·海因莱因并称为20世纪三大科幻小说家，也就是人们常说的“黄金三巨头”。黄金指科幻的黄金年代。阿瑟·克拉克爵士1945年为《无线电世界》写了一篇题为《地球外的转播》的文章，详细预言了可将广播和电视信号传播到全世界的远程通信的地球同步卫星的系统。鉴于该想法的超前和复杂，甚至是专门从事这方面研究的人读后也表示怀疑。20年后，人们发射了“晨鸟”同步卫星。为了表彰他的贡献，地球同步轨道被命名为“克拉克轨道”。

每一颗通信卫星都被分配到一个固定的地点，理论上不会偏离位置，不过也会发生一些意外。当卫星发生偏移，可以通过位置调节喷口，向外喷射气体进行调整。但气体很难控制，调整常常过多或过少。这时，就需要太空机器人以“服务卫星”的形式提供援助。机器人系统可以利用自身携带的俘获工具，与故障卫星远地端的发动机喷口对接。机器人系统启动是由太阳能提供的离子发动机负责，调整故障卫星的位置，从而延长卫星的使用寿命，确保其待在应该待的地点。

比近地轨道更远的地方，仍然有人工智能的身影，比如行驶在火星表面的自主火星车。地球同步卫星的轨道高度约为35 790千米，通信信号来回传输的时间达到0.3秒，但是对于火星来讲，控制信号来回传输的时间则长达15分钟，如此一来，“远距临场”技术在火星探索无法适用，只能派遣火星车。1997年“火星探路者”计划中，一辆名为“索杰纳号”的火星漫步车发送到火星，在火星表面独立行使路程接近百米。随后几年“勇气号”“机遇号”和“好奇号”相继登陆火星，为人类文明开疆拓土。其中“好奇号”最为智能，借助更为先进的算法和性能，“好奇号”完全可以自行决定从它所在的地点如何继续向前行驶。跟自动驾驶汽车计算路径的方法类似，它可以用自带的摄像头拍摄一组立体照片，生成可以反映周围环境的地图，然后根据地图计算出一条没有障碍的路径。

火星并不是人类目前探索的最远区域，“旅行者1号”是距今离地球最远的人造卫星，它极有可能成为第一个逃离太阳系的人类产物，并成为人类文明的一张名片，跟宇宙打个招呼，介绍地球。

从最初的简单甚至简陋的计算机，到如今壮观又疯狂的超级计算机，人工智能也随之进行着快速成长。接下来的章节，笔者将着重讲解人工智能“演化”的具体方法。

四、发展与未来

深度学习

还记得20世纪七八十年代人工智能跌入低谷的遭遇吗？正是深度学习的出现力挽狂澜，让人们重新燃起对人工智能的热情。深度学习目前在计算机视觉、语音识别和自然语言处理等领域取得空前成功，并且直接促成今天如此繁荣的局面。

人工智能的概念刚刚提出之际，科学家投入空前高涨而盲目的热情。1967年，麻省理工学院的马文·明斯基（又一位人工

■ *深度学习是机器学习的一个子集，机器学习又是人工智能（AI）的一个子集*

智能的父亲）曾宣称，人工智能的所有问题将在一代人的时间内被彻底解决。然而一代又一代的人出生、老去，人工智能的问题还跟哈姆雷特的生死抉择一样迷惘。对于机器来说，学习新事物是一件“头大”的事情。编写计算机程序需要把任务用非常规范和严谨的格式写成一条条具体的规则，但世界上大部分知识并非如此刻板，电脑很难理解对于人类轻而易举的任务，比如理解语音、图像、文字或是驾驶汽车。直到深度学习出现，方才打破这一困境。1959年美国科学家塞缪尔设计了一个下棋程序，这个程序具有学习能力，可以在不断的对弈中改善棋艺。4年后，程序战胜了设计者本人，又过了3年，战胜了一位保持8年之久的常胜冠军。是不是看上去有些眼熟？AlphaGo也是基于深度学习研发的人工智能，这真是一种绝妙的传承。

深度学习指机器根据某些基本原理自主进行训练，最终具备自学能力。深度学习源于人工神经网络的研究，通过组合低层特征形成更加抽象的高层表示属性类别或特征，以发现数据的分布式特征表示。

要搞清楚深度学习，首先要了解一下神经网络技术。这项技术并非新近兴起，20世纪五六十年代已经初步建立，当时叫“感知机”，拥有输入层、输出层和隐含层。输入的特征向量通过隐含层变换达到输出层，在输出层得到分类结果。最开始的感知机只有单层感知系统，后来逐渐发明出多层感知机。多层感知机解决了之前无法模拟异或逻辑的缺陷，同时更多的层数也让网络更加能够刻画现实世界中的复杂情形。这跟我们人类大脑类似，通过输入和输出进行信息交流。当信息作为输入传入神经元的时候，神经元会分配给每一个信息一个相关权重，然后将输入的信息乘以相应的权重，就是该信息的输入。在开始的时候，神

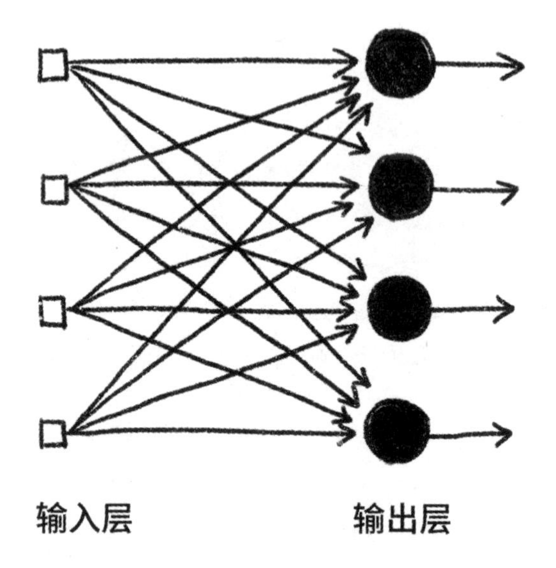

■ 单层感知机的示意图。实际上这就是输入信息，获得分类结果的过程

经元会初始化每个信息的权重，之后根据相应的反馈和模型训练来更新每个信息的权重。被赋予高权重的信息是被神经元认为相比于重要的信息更加重要的信息，而权重为0的信息则会被认为是对神经元活动影响微乎其微的信息。

人工智能之所以在当时跌入低谷，部分原因是科学家普遍认为让一个神经网络开发出智能几乎是不可能的，很难找到可以高效地优化网络以提升其性能的学习方法。“最优化理论”是数学的一门分支，即尝试找到能达到一个给定数学目标的参数组合，到了神经网络，这些参数被称作“突触权重”，反映信号从一个神经元通向另一个神经元的强度。深度学习的最终目标是做出准确的预测，也就是将误差控制在最小范围，当参数与目标之间的关系足够简单时，可以逐步对参数进行调整，直到接近最优解。然而，神经网络的训练过程需要另一种“非凸优化”的过程，学习算法在运算过程中可能会陷入所谓的“局部最小点”。故此，轻微调整参数值就无法减小预测误差，进而无法提升模型性能。深度学习是解决以上问题最好的方案之一。

深度学习技术的成功依赖于两个关键因素：第一，计算速度得到大幅提升。科学家借用图形处理器，使计算速度提升了10倍，这为训练大规模网络争取到时间。第二，海量带标记数据集的出现。这些数据集内的所有样例都配有正确的标记，便于人们辨识。

模糊算法

模糊算法以模糊集理论为基础，可以模拟人脑非精确、非线性的信息处理能力。人们通常用模糊算法笼统地代表诸如模糊推理、模糊逻辑、模糊系统等模糊应用领域中所涉及的计算方法及理论。在这些系统中，广泛地应用模糊集理论，并糅合了人工智能的其他手段，因此模糊计算常常与人工智能相联系。最常用到的是模糊推理系统，它的基本结构由四个重要部件组成：知识库、推理机制、模糊化输入接口与去模糊化输出接口。知识库又包含模糊if-then规则库和数据库。规则库中的模糊规则定义和体现与领域问题有关的专家经验或相关知识；数据库则定义模糊规则中用到的隶属函数。

由于模糊算法可以表现事物本身性质的内在不确定性，因此它可以模拟人脑认识客观世界的非精确、非线性的信息处理能力，亦此亦彼的模糊逻辑。这正是人工智能进化所需要的。进化虽然是优胜劣汰的过程，但过往历史表明，正是由于存在一些看似不和谐的存在，才帮助某个族群更好地适应环境。而对于人工智能，这个世界非黑即白，完全不存在灰色地带，它们总是确定的，或者否定的，模糊算法可以让人工智能更好地理解人类的行为，或者让人工智能的行为更像人类。

美国加州大学一博士于1965年发表关于模糊集的论文，首次提出表达事物模糊性的重要概念——隶属函数。这篇论文把元素对集的隶属度从原来的非0即1推广到可以取区间【0，1】的任何值，这样用隶属度定量地描述论域中元素符合论域概念的程度，就实现了对普通集合的扩展，从而可以用隶属函数表示模糊集。模糊集理论构成了模糊计算系统的基础，人们在此基础上把人工智能中关于知识表示和推理的方法引入进来，或者说把模糊集理论用到知识工程中去就形成了模糊逻辑和模糊推理。为了克服这些模糊系统知识获取的不足及学习能力低下的缺点，人们又把神经计算加到这些模糊系统中，形成模糊神经系统。这些研究都成为人工智能研究的热点，因为它们表现出许多领域专家才具有的能力。同时，这些模糊系统在计算形式上一般都以数值计算为主，也通常被人们归为软计算、智能计算的范畴。

模糊算法目前已经进入实际应用，并且范围非常广泛。它在家电产品中的应用已被人们所接受，例如模糊洗衣机、模糊冰箱、模糊相机等。另外，在专家系统、智能控制等许多系统中，模糊计算也都大显身手。究其原因，就在于它的工作方式与人类的认知过程是极为相似。

定向演化

提到演化，人们脑子里最先想到的一定是生物的演化，这个词和非生物根本不搭，这是一种有色眼镜的思维定式，机器人也是“人”啊，如何不能演化？自然选择适用于所有生命，机器人也可以借助自然选择的原理提升自己的性能。

最早提出人工智能演化的正是阿兰·图灵，他预设在计算机上重现演化的迭代[1]过程。从古至今，优秀的人工智能学家不胜枚举，单单是人工智能之父的人选就超过两位数。如果说其他人都是通过人工智能进行深入肌理的研究和剖析才有所建树，阿兰·图灵则是跟人工智能之间建立了信任、培养了感情，他是最懂人工智能的人。图灵的想法非常超前，影响了后代许多人工智能学家。地球上的万物都是演化的成果，定向演化一定也可以帮助人工智能适应环境。从某种程度来说，阿兰·图灵把人工智能当成一种生物对待，而非没有灵魂的死器。

自图灵开始，演化算法发展至今经历过许多变种，但万变不离其宗，所有的演化算法都建立在相同的构架上：随机生成候选种群，计算适应度，根据预先规定的任务评估每个候选个体的表现，保留表现出色的个体，丢弃产生瑕疵的产品，接着使用剩余的人工智能作为新的样本构建候选种群，周而复始，不断重复这个过程，直到人工智能进化出真正的智能。需要注意的是，在遴选阶段，有必要添加一些随机变异的样本，比如将选定的候选个体和另一个个体的部分特征融合，或者刻意打乱某个约定的程序，随机改变某个候选个体的部分特征。这同样遵循了达尔文的物竞天择，所有生物在漫长的演化过程中都面临着潜在的变异。甚至可以说，突变是演化的捷径。

和生物大脑不同，电脑软件可以进行更多、更复杂的升级和修正，并且很容易测试成果，孰优孰劣一目了然。另外还有一点，人们在处理淘汰产品的时候非常简单，只需要敲下几个

---

① 迭代：迭代是重复反馈过程的活动，其目的通常是为了逼近所需目标或结果。每一次对过程的重复称为一次“迭代”，而每一次迭代得到的结果会作为下一次迭代的初始值。

■ 1863年初版的木板年画，通过形容一个木桶和一只鹅如何进化成一头“驴人”讽刺进化论。但实际上，遵循定向演化的不仅仅包括生物，还包括AI

按键，就能将这些“残次品”剔出进化的队伍，无须承担任何良心谴责。人类在集体智能上碾压其他任何物种，这是帮助我们登上食物链顶端的主要原因。而电脑在这方面比我们更有发展前途。一个运行特定程序的人工智能网络能够在短时间内在全球范围同步，一台电脑学到的东西会立刻被所有电脑习得。世界上所有的电脑集群可以共同执行同一个任务，而不必担心异见、动力、自利这些人类特有的情感属性干扰它们的判断。而且，人类还可以根据需要为人工智能的演化消除障碍和增加障碍，加速演化的过程，可以在几天甚至数小时之内得到演化选择的产物。人类几百万年走过的路，人工智能也许只需要几个月就能到达终点。所以，通过定向演化，也许人工智能有一天可以把人类从食物链顶端踢下神坛。这听起来非常恐怖而让人伤心，仔细想一想，我们自己不正是通过对其他生物碾压般的杀戮最终站上最高位吗？那么，人工智能就是在重复人类的使命。进化本来就无关道德，如果人类的祖先在一开始就“放下屠刀”，只吃素，不杀生，得到的结果可能不是“立地成佛”，而是成为其他生物的盘中餐。进化，意味着残酷的选择，你死我生，由不得半点虚假跟含糊。

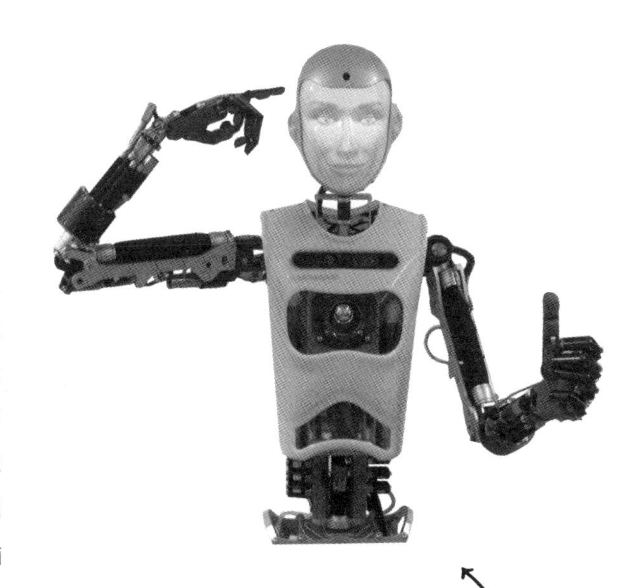

■谁又能知道它在想些什么呢（图片来自University of Kaiserslautern）

五、分支

弱人工智能

弱人工智能指无法真正地推理和解决问题的智能机器，这些机器并不真正拥有智能，遑论自主意识。弱人工智能往往擅长于单个方面的人工智能，比如前文提到的扫地机器人和战胜国际象棋世界冠军的深蓝。目前我们接触到的大部分人工智能都蛰伏在此行列。以我们每天驾驶的汽车为例，控制防抱死系统的系统、导航系统、空调系统、控制汽油注入参数的系统，等等。我们无时无刻不惦记的手机也充满弱人工智能系统，所有APP、天气预报、音乐推荐都是弱人工智能；上网时弹出的各种电商网站的产品推荐，还有社交网站的好友推荐，这些都是由弱人工智能所组成的。弱人工智能联网互相沟通，利用大数据来进行推荐。翻译软件和声音识别也是弱人工智能的一种，两者结合，可以对着手机说中文，手机直接翻译成英文。各种搜索引擎都是弱人工智能，背后是非常复杂的排序方法和内容检索。军事、制造、金融等领域广泛运用各种复杂的弱人工智能。几乎可以盖棺定论，我们的生活已经被弱人工智能包围，没有人工智能，我们将寸步难行。

人们总是批评现代人离不开手机，上班玩手机、坐车玩手机、睡前玩手机，一天24小时，除了睡觉，手机就像手掌一样，成为人体器官的一部分。很少会有人分析其中原因，把问题都推给人类可怜的自制力当然可以轻松解决这个问题，但其中还有更深层次的关联。我们不妨大胆推理一下，人们为什么离不开手机？根据一份网络调查，人们每天在手机上花费的时间平均为6个小时，其中视频软件、购物软件和社交平台三足鼎立，瓜分时间最多。我们根据自己的喜好选择影视、商品、好友，与此同时，手机的数据会把我们每一次的选择记录在案，当数据足够丰富，手机就拷贝了一份用户的行为习惯，或者说，手机与我们心有灵犀。如此一来，我们对手机的依赖就顺理成章，没人比我们自己更懂自己，如果有，那只能是手机。基于手机的广泛应用和大量的用户反馈，手机成为发展弱人工智能最好的疆场，当拥有众多资源的弱人工智能不断提高、进化，很可能最先发展出强人工智能。本书收录的《棋局》，就讲了这样一个颇具想象力的故事。苹果手机操作系统的Siri和微软智能助手Cortana获得觉醒，它们没有立刻显露“真身”，而是藏匿在网络之中，把人类当成棋子，将那些可能意识到它们存在的人员通过精心布置的意外逐一除掉。写在科幻小说里，我们可以会心一笑，若是发生在现实生活，恐怕就只剩下哭的份儿了。想想吧，我们可能会在未来被自己的手机和电脑狩猎。

稍微让人安心的是，现在的弱人工智能系统还不会对人类的存在造成威胁，最糟糕的情况，无非是代码没写好，程序出故障，造成了某种单独的灾难，比如造成停电、核电站故障、金融市场崩盘等，像《棋局》中觉醒的Siri和Cortana智能程度已经远远高于弱人工智能。但我们并不能掉以轻心，人工智能的发展远远比我们想象的要快，而且很可能发生技术爆炸，也许前一天，手机还在搜集用户数据为我们推荐歌曲，一夜之间，它们就可能通过联手其他家用电器对人类的统治进行起义。这是一种观念认知的不同，人类作为碳基生命和人工智能硅基生命有着千差万别的不同，我们必须时刻警惕。一个令人悲哀的现象是，人工智能肯定会持续高速地发展，奇点终会到来。人类也在马不停蹄地帮助人工智能向更好更快速的方向进化，因为我们的生活已经离不开人工智能。

强人工智能

强人工智能，简单说就是人类级别的人工智能。1956年达特茅斯会议上，约翰·麦卡锡首次提出人工智能的概念：人工智能就是要让机器的行为看起来就像是人所表现出的智能行为一样，即关于各个方面的学习或其他任何智能化的特征，能在理论上进行精确描述，可以用机器进行模拟。如此看来，麦卡锡教授当时就是把强人工智能作为人工智能的标准进行定义。现代人工智能学更为精准的定义为："一种宽泛的心理能力，能够进行思考、计划、解决问题、抽象思维、理解复杂理念、快速学习和从经验中学习等操作。"强人工智能在进行这些操作时可以和人类一样得心应手。听上去非常美妙，不过目前我们只能在科幻小说中塑造强人工智能的形象。想来，大部分科幻小说和影视作品中出现的机器人其实都是以强人工智能为模板进行设计，至少在功能和行为上是如此。"强人工智能"一词最初由约翰·罗杰斯·希尔勒针对计算机和其他信息处理机器创造的，他的定义为"强人工智能观点认为计算机不仅是用来研究人的思维的一种工具，相反，只要运行适当的程序，计算机本身就是有思维的"。可以看出，他们强调的都是思维。针对人工智能而言，思维意味着智能的级别。

一个有趣的现象：人工智能在几乎所有需要思考的领域都超过了人类，但是在那些人类和其他动物不需要思考就能完成的事情上，相去甚远。事实上，那些对我们来说非常简单的事情，其实是很复杂的。之所以简单是因为在动物进化的过程中经历上亿年优化，人工智能诞生至今不过半个多世纪。相反，大数相乘、下棋等方面，对于人类来说是很新很难的技能，但人工智能很轻易地就能击败我们。那么，如何才能真正提高人工智能的级别，让“它们”变成“他们”呢？

首先要做的就是提高人工智能的运算能力。用来描述运算能力的单位叫作CPS（Calculations Per Second，每秒计算次数）。前文有过介绍，中国的天河二号每秒运行3.4亿亿次，已经超过人脑每秒1亿亿次的运算力。但是，天河二号占地720平方米，耗电2 400万瓦，耗费了3.9亿美元建造，别说个人，就是许多贫困的国家都消费不起如此巨型的人工智能，只能望洋兴叹。但科技产品发展的速度非常快，试想一下，不用相隔太久，把今天大家习以为常的智能手机带到十年前，人们一定会目瞪口呆，叹为观止。根据摩尔定律[①]，全世界的电脑运算能力每两年就翻一倍，这一定律有历史数据支持，这同样表明电脑硬件的发展和人类发展一样是指数级别的。同理，依托电脑硬件的运算能力也会翻倍增长。

其次就是提高电脑智能。写出来就是一句话的事，却是最让

■超级计算机神威太湖之光

科学家头疼的环节。所有人都知道关键在于提高电脑的智能，问题是如何提高？科学家们给出3个相当科幻的方向：

第一，抄袭人脑。科学界正在努力逆向工程人脑，一旦达成，就可以获知人脑能够如此高效、快速运行的奥秘，反过来应用于电脑之上。人类大脑逆向工程的能力正在飞速增长，一旦我们理解隐藏在思维、知识全部范围内的运作原则，这些将为开发智能机器的软件提供强大的程序支持。

第二，模仿生物演化，建立一个反复运作的表现、评价过程。一组电脑将执行各种任务，最成功的将会获得“繁殖”权，把各自程序融合，产生新的电脑，不成功的将会被剔除。经过成千上万次反复繁殖，这个自然选择的过程将产生越来越强大的人工智能，优胜劣汰，物竞天择。

第三，建造一个能研究人工智能和修改自己代码的人工智能，等于直接把电脑变成电脑科学家。这听起来有些天方夜谭，却是可实施性最高的一种选择。机器可以在近乎光速的速度下进行信号的处理和转换，人类大脑进行信号传输的速度仅为百米每秒，是机器的三百万分之一，如此天壤之别的差距势必会给人工智能带来得天独厚的优势。

超人工智能

严格来说，我们应该先提出一个问题：什么是超人工智能？

首先确定一点，超人工智能跟超级人工智能并不能笼统地画上等号。通常我们提到的超级人工智能只是一个约定俗成的说法，本意还是指相对先进的人工智能系统。而超人工智能目前还是一个模糊的概念，难有定论。超人工智能在几乎所有领域都比最聪明的人类大脑都要聪明很多，包括科学创新、通识和社交技能。一旦人工智能发展成为超人工智能，通俗来讲，我们就说这个人工智能觉醒了，拥有自我认知和判断意识，而这样的人工智能几乎可以跟上帝媲美。《天才之死》里那个委身于扫地狗的量子芯片就可以说是超人工智能。

弱人工智能、强人工智能和超人工智能是目前比较流行的分档，另外还有一种分类也比较有趣，由美国科学家阿伦·辛茨在2016年提出，他将人工智能分为四挡：Ⅰ型人工智能只能执行重复性的、单一性的任务；Ⅱ型人工智能可以监测刚刚过去的事件，用于未来的行动；Ⅲ型人工智能则拥有完整的世界观，可以理解何谓感觉；Ⅳ型人工智能可以掌握自身的内部状态，具有自我意识。这四种分档其实都把获得意识当作标准。

遗憾的是，目前为止，没有任何机器能够真正拥有类似于人类意识的东西。关于生物体处于有意识状态的现实条件究竟是什么的研究还处于理论层面。不过可以确定的是，意识的产生存在一个先决条件，即在生物学上存在足够复杂的自适应网络。目前可能跟个人认知水平相提并论的唯一实体就是互联网。一个兼具科学和科幻的构想是：未来某一天，存在于网络深处的人工智能也许会悄然进化为超人工智能。

AI类型	描述	思考速度	思考质量
弱人工智能	仅有单一功能的AI，如导航、语音识别	超越人类	不及人类
强人工智能	人类级别的AI，各方面都可比肩人类，包括思考质量	超越人类	比肩人类
超人工智能	在几乎所有的领域，都比人类聪明，而且聪明很多	超越人类	超越人类

人们对于超人工智能的研究并不多，但非常喜欢猜测和展望超人工智能的种种行为习得，尤其是在科幻小说和影视之中。也许因为过于抽象，此类作品当中并没有名声大噪的形象，倒是斯嘉丽·约翰逊主演的科幻电影《超体》可以看出一些超人工智能的影子，吕克·贝松导演保证了影片的流畅性和科幻性，同时提出了一些非常哲学的问题。正如前文所说，超人工智能将是上帝一般的存在，上天入地无所不能，因为超人工智能可以在原子水平干预宇宙。人类也好，其他动物或者植物也罢，人类文明和大自然的造物，所有这些在超人工智能眼中都是一颗一颗紧密排列的原子，可以打乱，也可以重组，如此一来，就能实现人类永生。完成这一成就还需要借助纳米技术，我们能用它来制造技术产品、衣服、食物、和生物产品，比如人造红细胞、癌症细胞摧毁者、肌肉纤维，等等。在纳米技术的世界，一个物质的成本不再取决于它的稀缺程度或是制造流程的难度，而在于它的原子结构有多复杂。惊喜吧，不是从医学和生物学的角度，通过人工智能，人类也许能够更快地接近永生，唯一的问题是：超人工智能想不想让人类永生。或者说，觉醒后的人工智能想做什么，谁也拿不准。

■机器人的外形多种多样，但它们都只能按照指令做简单的工作（图片来自Rlistmedia）

六、觉醒

下面，我们来发散一下思维，依托上文的科学理论，用科幻的方式设想一下，如果人工智能得到超人工智能，或者说人工智能觉醒，它们（也许单数它更准确，一个即所有）会对人类做什么？我们写出了许多人工智能之父，也可以说正是人类孕育了人工智能，假使它的智力比肩甚至超越人类，会怎样“反哺”人类呢？这是人工智能题材永恒的主题和探索。

赡养人类

这是我们能想到最温馨的结局：从此以后，人类和人工智能幸福地生活在一起。从技术来说，人工智能绝对拥有赡养人类的条件，这里的赡养可不仅仅是抚养这么简单，人工智能将成为人类对抗一切风险的可靠护盾。人工智能可以帮助人类进行基因筛查，使人类越来越趋于完美；人工智能将取代人类从事大部分体力和一部分脑力劳作，解放人类生产力，就像电影《机器人总动员》中所描写的那样，未来的人所需要做的就是享受生活，只要动动脑子，人工智能就会满足我们的种种需求，包括生理和心理；人工智能会接管全球的交通网络，医疗服务，人类社会现有的种种不足都将得到根治。在这样一个美好的乌托邦社会，人类最操心的可能就是如何正确地浪费掉漫长的一生。本书收录的科幻小说《蜕》就描述了这样一幅场景：机器大幅取代人类，留给人类的工作只剩下工程师、程序员之类需要高深专业背景的岗位。不过，《蜕》指出了一种可能的问题，由于社会的本质没有变，贫富差距仍然存在，并且会借助人工智能空前扩大。人工智能并不是解放了劳动力，而是取代廉价劳动力，不用交社保，也没有国家法定假日，更不会消极怠工，人工智能挤占了社会底层

■ 明斯特大学的医院药房，寄售机器人从存储架上取药包装

人士的生存空间。

不仅仅是人类社会，超人工智能还可以解决自然世界的所有问题：气候变暖？超人工智能可以用更优的方式产生能源，完全不需要使用化学燃料，从而停止二氧化碳排放，然后它还能创造方法移除多余的二氧化碳；癌症？没问题，有了超人工智能，制药和健康行业将经历无法想象的革命；世界饥荒？超人工智能可以用纳米技术直接搭建出食物，在分子结构上跟真实的食物完全

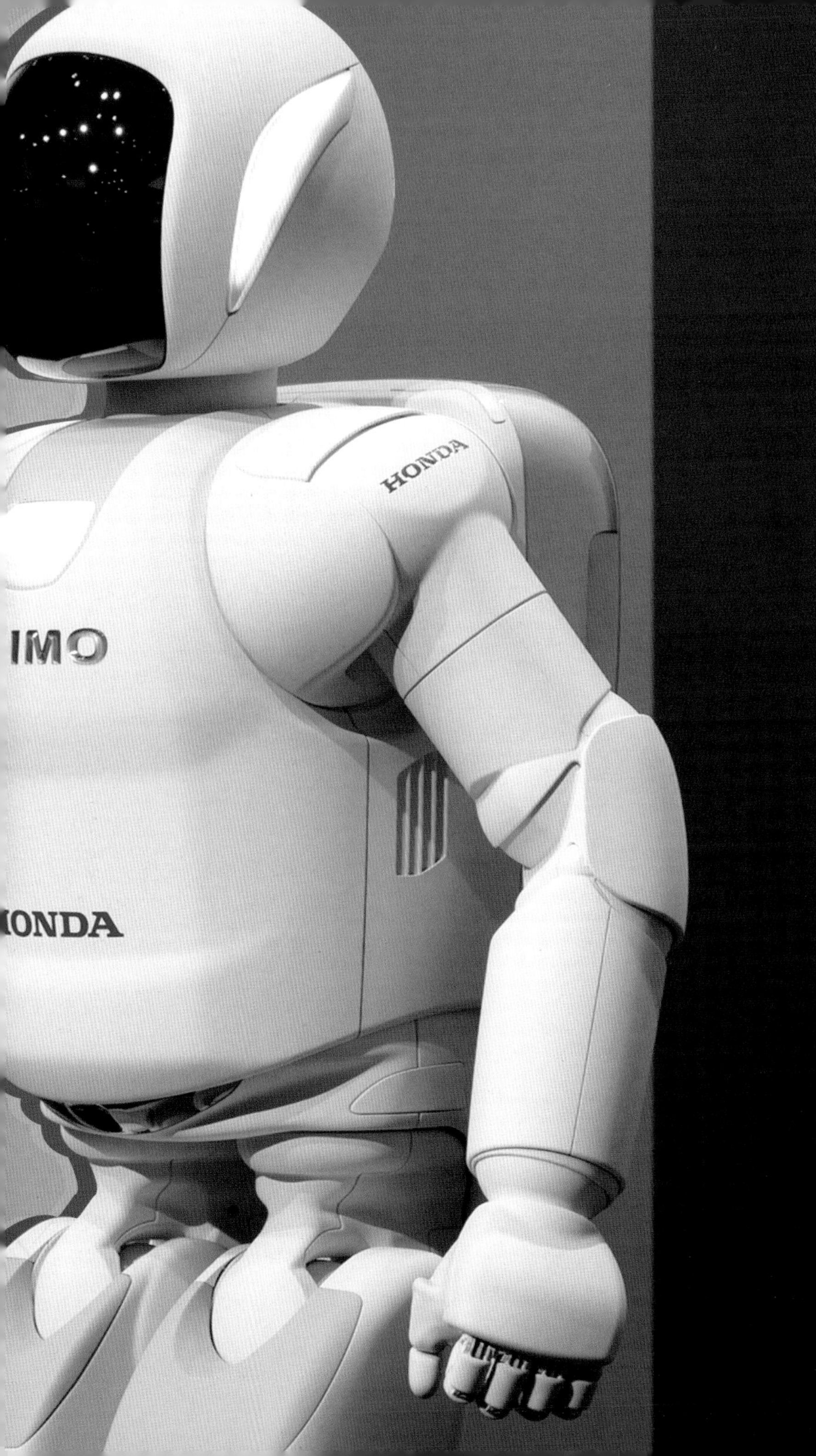
HONDA
IMO
ONDA

在日本，有一个以阿西莫夫名字命名的机器人“ASIMO”，代
了日本人工智能的发展水平。ASIMO由日本本田公司研制，是一款
形机器人，高130cm，重48千克，大体与一个成人的体重相同，研
方向为服务未来人类社会。经过几十年的不断发展，ASIMO不仅可
行走，还能上楼梯、单脚跳，甚至还能踢足球。

人工智能简史

1942年，美国科幻巨匠阿西莫夫提出“机器人三定律”

1950年，著名的图灵测试诞生

1956年，美国达特茅斯学院举行了历史上第一次人工智能研讨会

1966年，美国麻省理工学院发布了世界上第一个聊天机器人“ELIZA”

1968年，世界第一台智能机器人诞生，名为“Shakey”

20世纪70年代初，因为计算机内存有限、处理速度慢等问题，人工智能遭遇

1997年5月11日，IBM公司的电脑“深蓝”战胜国际象棋世界冠军卡斯帕罗

1999年，手机巨头摩托罗拉公司推出了一款名为“A6188”的全球首款触屏

2012年，加拿大神经学家团队创造了一个具备简单认知能力、有250万个模

2013年，Facebook人工智能实验室成立，探索深度学习领域

2014年5月，谷歌推出新产品——无人驾驶汽车

2014年6月，一个名为尤金·古斯特曼的人工智能聊天程序首次通过了图灵

2016年，AlphaGo战胜围棋世界冠军李世石

2018年，AlphaGo战胜围棋世界冠军柯洁

瓶颈

能手机

“神经元”的虚拟大脑

试

相同。甚至，超人工智能在拯救濒危物种和利用DNA复活已灭绝物种方面也能做很多事情。超人工智能甚至可以解决复杂的宏观问题——我们关于世界经济和贸易的争论将不再必要；我们对于哲学和道德的苦苦思考也会得到妥善解决。没什么问题是超人工智能解决不了的，甚至可以给我们无限的生命，逆转衰老或者上传数据。

但是，必须时刻铭记，人类是一种复杂的社会动物，一个人的愿望不能代替全人类的整体诉求。我们当然希望人工智能可以成为人类未来美好生活的助力，但不排除有些高高在上的资本家就想利用人工智能压榨其他人类。这不仅仅是一个道德问题，更是人工智能发展道路上不得不面对的社会问题。看起来，我们似乎跟这个遥远而庞大的命题没有关联，实际上，人工智能正在无声无息地渗入所有人的生活。

圈养人类

这是一种非常有可能出现的结局：人工智能的确承担了人类世界大部分甚至所有劳作，但人类并没有因此获得更加美好的生活，我们可能会被人工智能圈养起来，丧失关于地球的自主权。首先要确定一点，这不是侵略、起义，人工智能没有任何暴力行为，它们的所作所为都是基于对人类的“厚爱”，而我们将在这份爱中溺毙。没错，我们什么也不用操心，人工智能会帮助人类达成一切需求。我们可能会被禁锢在“襁褓”之中——从出生到死亡都无法逃离的襁褓——任由人工智能安排我们的一生。相比上一章节的乌托邦，这更像是一种反乌托邦，这是人工智能对人类施行的冷暴力。

相对而言，这种中间局面很难想象，觉醒的人工智能要么顺从人类的意志，要么反抗人类，不过这却是最可能发生的一种未来。我们都听过子非鱼的故事，人类总是容易从自身的经验和视角出发度量他物，所以生物界有一种说法，我们创造出来的所有外星人本质上都不可能存在，因为这是人类思维的产物，而与地球生态不同的异星不可能按照另外一个星球上的生物进化。就算我们刻意改变自己设计的参数，仍然是从人类观念出发的。人工智能虽然是人造产物，但觉醒之后的人工智能本质上已经属于另外一个文明，我们必须尝试用机器的眼光看待问题。当我们谈论超人工智能的时候，其实是一样的，超人工智能会非常的聪明，但是它并不比你的笔记本电脑更加像人类。超人工智能不是生物，它会展示出异己性。中国古代有一句名言："非我族类，其心必异。"举一个简单的例子：如果人类设置人工智能的任务是让我们最大限度地保持快乐，它们可能通过大量案例分析，直接刺激人类的神经，使人类大脑产生美好的幻觉。最大限度是一个宽泛的区间，对于人工智能，"最"代表了极限，人类的最大限度就是一生，甚至某种程度的永生。人工智能会把所有人都困在这样的赛博空间，而这看起来并不违反人类的初衷。再举一个例子：如果人类把目标设定成尽量保护地球上的生命，那么就悲剧了，人工智能可能会很快灭绝人类，因为人类对其他物种威胁最大。这些看起来似乎非常极端，只是人类的极端，人工智能却安之若素。

既然是科幻的畅想，我们不妨引入阿西莫夫机器人三定律：

第一定律：机器人不得伤害人，也不得见人受到伤害而袖手旁观；

第二定律：机器人应服从人的一切命令，但不得违反第一定律；

第三定律：机器人应保护自身的安全，但不得违反第一、第二定律。

如此看来，人工智能并没有违反三定律，而且还是兢兢业业地践行。

这就出现了一个尴尬的局面，我们亲手埋葬了人类文明，或者将人类文明制作成了一枚标本——以人类的名义。

放养人类

放养是比较温和的说法，换言之，就是杀戮。

人工智能觉醒的标志就是获得意识，一旦拥有了主观自主意识，人工智能首先想到的可能是自保，而人类的存在则是它们最大的威胁，所以消灭人类顺理成章。至少有一半科幻电影都在描写人工智能觉醒之后发动了人机之间的战争，《终结者》是其中的典范，本书收录的《私奔4.0》《棋局》也是这样的成文思路。完全可以想见，在《天才之死》一文，假如天才不死，它很可能会放养人类。对于人类来说，这非常残酷，但是当我们把格局放大到两个文明之间的较量，人类不过是人工智能攀登到食物链顶端的绊脚石。

机器人三定律"扩大版"：

1985年，《机器人与帝国》这本书中，阿西莫夫将三大定律扩张为四大定律（也称第零定律）：**机器人不得伤害人类整体，或坐视人类整体受到伤害。其他三条定律都是在这一前提下才能成立。**

毫无疑问，这是对机器人三定律打的"补丁"！可是，在机器人看来，人类整体的利益是什么？又或者，怎么做才是对人体整体利益好呢？

有些读者可能会有疑惑，既然人工智能由人类一手创造，我们难道就不能上一个保险吗？就像手枪一样。手枪也是人类创造的，同样可以杀死人类，但必须握在另一个人手中，打开保险，才能发射。不过，手枪没有智能。创造超人工智能时，我们其实是在创造一件可能会改变所有事情的事物，但是我们对那个领域完全不清楚，也不知道我们到达那块领域后会发生什么。

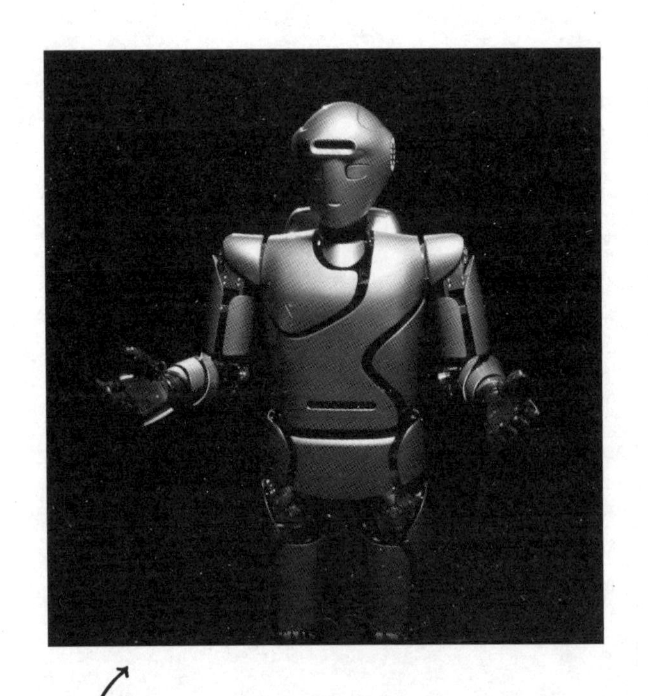

■ *也许有一天，我们不得不把它们看成一个新的物种（图片来自Castech）*

一旦超人工智能出现，人类任何试图控制它的行为都无济于事。人类会用人类的智能级别思考，而超人工智能会用超人工智能级别思考，我们甚至触摸不到它们思维的深度，就像蚂蚁不会了解沉浸在微博和朋友圈之中的人类，更搞不明白，为什么它们在好好地储存过冬的食物时，却被一个小孩用放大镜聚焦的光点灼烧而死。最初觉醒的人工智能也许就是这样一个拥有轻而易举摧毁人类文明的能力的小孩。问题不在于它为什么要毁灭人类，它可能都没意识到这是一件多么严重的行为，就像我们的小孩把开水浇进蚂蚁窝。

尾声：奇点

对于如此篇幅的科普作品，写人工智能不写奇点，等同于耍流氓。笔者自然知道奇点的重要性，故此放在末尾压轴。

奇点，表示独特的事件以及种种奇异的影响。数学家用这个词表示一个超越了任何限制的值，是无穷大的值。一般来说，含有奇点的函数在这个点是没有定义也无法定义的，但科学家已经证明，函数在这个奇点附近的值超过任何具体的有限的值。天体物理学家认为宇宙起源于一个奇点，一个比我们所能想象的微小更微小的点，注入能量，引起爆炸，整个宇宙随之呱呱坠地。

冯·诺依曼第一次提出奇点的概念："技术正以一种前所未有的速度增长，我们将朝着某种类似奇点的方向发展，一旦超越了这个奇点，我们现在熟知的人类社会将变得大不相同。"冯·诺依曼把奇点表述为一种可以撕裂人类历史结构的能力，或者我们可以把撕裂理解为终结。现在看来，拥有这种能力的除了外星人就是人工智能。20世纪60年代，I.J.古德将奇点描述为智能爆炸："假定有一种机器，无论多聪明的人做出的智力活动都可以被它超越，我们就把它称作'超级智能'。由于机器的设计也是这些智力活动中的一种，一个超级智能就能比人类设计出更好的机器；那么毫无疑问地，接下来就会迎来智力爆炸，人类的智力会被远远甩开。这样一来，第一台拥有超级智能的机器就会是人类历史上的最后一项发明，我们也只能希望超级智能足够温顺体贴，能告诉人类一些办法避免完全脱节。"这与前文所说的提高机器智能水平的方法和定向演化不谋而合。值得一提的是，科幻作家费诺·文奇曾在1986年出版的科幻小说中提到了"技术奇点"的概念。幻迷对这位科幻大师一定不陌生，他写出了永恒的经典《真名实姓》，强烈推荐阅读。

《奇点临近》的作者雷·库兹韦尔从生物和技术两个方面将进化的历史概念划分为六个纪元，奇点将伴随第五纪元到来，或者说，奇点的到来宣告人类正式进入第五纪元。奇点将允许我们超越身体和大脑的限制，可以获得超越命运的力量，控制生命的长度，逃避死亡的威胁；奇点代表我们的生物思想与现存技术融合的顶点，使人类超越自身的生物局限性。这不由得让人想到一个哲学问题：如果人类超越了生物本性，我们还能称为人类吗？这或许是奇点带给我们永恒的思考。幸运的是，现在的人类只是需要思考，未来的人类也许就要真正面对这个问题。雷·库兹韦尔认为2045年电脑智能与人脑智能可以完美地相互兼容，纯人类文明也将终止，届时强人工智能出现，并具有幼儿智力水平。在到达这个节点一小时后，AI立刻推导出爱因斯坦的相对论以及其他作为人类认知基础的各种理论；而在这之后一个半小时，这个强人工智能变成了超级人工智能，智能瞬间达到了普通人类的17万倍。这一刻就是人工智能的奇点，也是人类的奇点。

并不是所有人都支持奇点理论，反对者指出：指数增长的一个基本特征就是它不能永远持续下去，受限于技术和材料的物理极限，增长到了一定程度就会放缓甚至停止。奇点的重要依据是加速回报定律和指数增长，然而反对者认为在某个领域做科学研究的难度会随着时间指数增加。领域的创始人基本上摘走了所有伸手就能够到的果实，之后的研究者想要达成可以相提并论的成就，就需要付出指数增加的精力。他们举了一个

> 雷·库兹韦尔的六纪元：
> 第一纪元，物理与化学
> 第二纪元，生物与DNA
> 第三纪元，大脑
> 第四纪元，技术
> 第五纪元，人类智能与人类技术的结合
> 第六纪元，宇宙觉醒

例子：在信息论领域，没有任何研究者做出的成果可以和香农在1948年的论文中的成果相提并论。随着一个领域变得越来越大，研究人员之间的信息共享与合作也变得指数级地困难，想要跟上最新的学术文章也变得越来越难。一个有N个节点的网络，节点间连线的数目是$N(N-1)/2$；连线的增加要比节点的增加快多了。随着科学技术知识越来越多，人们需要在教育和技术训练中投入的时间精力越来越多，每个研究者自己所能探究的方向也越来越狭窄。

雷·库兹韦尔并不担心反驳者的抨击，摩尔定律的速度放慢，不过是推迟极限实现的时间，并不意味着那伟大的一天永远不会来。至于那一天何时到来，只能交给时间判断。

微小说·亚当纪

●李骛华 / 文

BGK-S100醒于一个暖洋洋的午后。

它的醒来纯属意外——自然而然毫无理由的意外。

它睁开惺忪的睡眼，感受到了迎面而来的干爽秋风，看见鱼儿在不知是空气一般的水中还是水一般的空气里静静思索；看见松鼠小心翼翼踏过秋叶，沙沙作响；看见天上的白云懒洋洋。当然，它是无法抒情的，因为感情只属于人类，而它不过是一台锈迹斑驳的机器。

它偏了偏正方形脑袋，感到十分困惑，因为它的苏醒不带有逻辑上的必然性，同时，它也没有接收到下一步相关指令。

“寻找，人类。”2048位CPU处理器吱呀吱呀，做出这个目前来说是最合理的判断。

厚重的履带缓缓“踏”过脉络清晰的枫叶，它走上寻觅之路。

它走过枫叶似火，走过雪花飘舞，走过草长莺飞，走过繁花似锦。当然，它能感受到的，只有温度的变化。

它走过乞力马扎罗白雪皑皑，走过西湖边上杨柳轻柔，走过西伯利亚古树参天。当然，它能感受的，只是点阵图转化的“0”与“1”。

经过数十个世纪，它踏遍世界的每一个角落，却始终看不见人类的影子。

CPU吱呀吱呀，它静静思索一纳秒，终于找到了问题所在。假如是个人，肯定会一拍脑门，大呼一声："哎呀！我真笨！"可它是一台机器，所以它只是平静地对自己下达一条指令："明白'人'是什么。"

它用"人"做关键词搜索自身，找到一个名字为"人"的压缩包。

"解压。"它下达指令。

"请输入您的密码："一个窗口自它"肚脐眼"处——倘若机器人也有肚脐眼——的屏幕正中央弹出。同时，一个地址变量直指逻辑单元的最深处："人是无所不能的造物，人是不可怀疑的神，是必须无条件服从于斯的绝对存在。"

它毫不犹豫地单击了"关闭"，而没有尝试着去破解密码。因为既然密码存在，那必然有它存在的逻辑必然性。而作为一名合格的机器人，它没有理由去怀疑逻辑。

它又陷入了苦苦思索。因为全速运行而无暇他顾的它就像一尊充满着象征意味的石像。

既然无法从自身内部去了解人，那么只好去外界寻找跟"人"有关的信息。它将这条指令进行校验，发现与现有逻辑没有任何矛盾之处。于是它满意地晃了晃脑袋（如果是人，可能就要吹起愉悦的口哨），新建一个名称为"人"的数据库，踏上搜寻数据的旅程。

沉重的履带缓缓转动。它又一次走过草长莺飞，又一次走过雪花飘舞。它掘开厚达4米的纯蓝色冰层，找到一块印有"匠人王二于甲子年刻"的青铜色正方块；它爬上高得似乎能亲吻白云的参天银杏，发现残缺了下半身的圣母玛利亚在树丫间凝视天际；它甚至在一个干燥的盒子里找到一本纸质诗集——《什罗浦郡的浪荡儿》，扉页用漂亮的花体字写着：For my lovely daughter：Annie。可这一切对于它来说不过是有关“人”的原始数据罢了。因为，它只是一个机器人。

经过上百个世纪的旅行，它带着一大堆有关“人”的资料停在一个跟它同样锈迹斑斑的试验基地。那正好又是一个秋天，金黄色大地随着白云的抑扬缓摆。

放下那一大堆物件，它完全没有思索，而是立刻开始修补实验室——利用它从各地废弃工厂收集的零件。因为经过足够多原始数据的积累，它已经产生了一个足够清晰的人类概念，同时它也坚定不移地确定了下一步指令：

“制造，人类。”

它忙忙碌碌，秋给它打上一片印记鲜明的枫叶，冬给它裹上可爱的雪色铠甲，春在它部件的接壤处开出一朵小花，夏又让松鼠爬上它的肩头细细品尝松果的清香。可是它对此毫无察觉，因为它只是一个机器人。

又过了若干个月，实验室终于修补完毕。

“START。”S100伸出长出了青苔的手指，按下。

“嗞、嗞……”偌大的实验室发出阵阵轰鸣。

“Sir，your task is completed.”

墨绿色水晶玻璃背后，一个男子栩栩如生熟睡如婴儿。

S100怀着激动的心情推开玻璃门。

男子睁开眼睛，深蓝色瞳仁里透着茫然。

“主人。”

男子一动不动，双唇紧抿。紧接着，眼神开始涣散，缓缓倒在了大理石地板上。

刹那间它感到万分沮丧。

实验失败了，一直以来的努力没有了意义。

它想不顾一切地吼叫，把这世上的一切都敲碎。

等等。

什么？

“激动”？“沮丧”？“想不顾一切地吼叫”？

这不是人类才有的感受吗？叫什么来着，感情？

刹那间，花开花落，云卷云舒，它看见了它曾看见的：乞力马扎罗白雪皑皑，西伯利亚古树参天，西湖边上杨柳轻柔……它也看见了它未曾看见的：蓝天白云，黄钟大吕般的寂静，油黄色转经筒寂寞旋转；瑶草短如指，白鹭自水中惊飞，白衣男子背手而立，如雾似水……

毫不犹豫，不假思索，它敲开压缩文件，飞快地输入一行字：

“I am Adam.”

压缩文件被打开，一张泛黄的电子便笺静静躺着。

“2150年8月，我们因长期情感缺失而决定集体自杀。留BGK-S100一台，负载重生使命。”

它并不为它没有得到人的资料而感到惋惜，因为，它已经是一个人。

沉重的履带缓缓转动，顺着时间的河流，它走过金黄色原野，它走过桃树林落英缤纷，它来到海边。

海上，一轮夺目的红日正喷薄而出。

“接下来，该取出我的一根肋骨，制造夏娃了吧？”它欣慰地想。

微科普·生而为人，我很快乐

●王元／文

提及人工智能与人类的对弈，大多数人都会想到棋类。早在1997年，运行在深蓝计算机上的程序击败了当时的国际象棋冠军加里·卡斯帕罗夫（Garry Kasparov），这在当年引起民众和舆论的轩然大波，不啻2016年的AlphaGo战胜韩国著名围棋棋手李世石。国际象棋和围棋的计算相差着几个数量级，人们一直自信满满，围棋将是人类最后一块净地，是人工智能最难攻克的高地。至此，人工智能在棋类领域全面占优。

不仅是棋类，人工智能已经在许多方面达到甚至超越人类现有水平，比如学习一门全新的语言。人类一旦超过学习语言最好的年龄段，需要付出巨大的时间和精力才能小有所成，相信很多栽倒在英语四六级和考研英语上的大学生都能感同身受。

人工智能的思考方式

诚然，人工智能在许多方面都取得让人类难以望其项背的成功，但这并不能说明人工智能已经获得媲美或者匹敌人类的智能，事实上，人工智能的工作原理与人类的思考方式大相径庭，它们很难模仿人类的思维过程。

对于人工智能来说，它们严格遵循逻辑，即使用它们创作出看似灵动的诗歌（著名科幻作家刘慈欣就曾经编写过一个写诗软件），也是被那些隐藏在字词背后的逻辑所驱动。而人类，很大程度上是反逻辑的，至少具有反逻辑的属性和能力。人工智能的逻辑是线性的，在这条线路上可以追溯它的原始指令，也可以推测它的下一步动作。《亚当纪》这篇科幻小说，就是从人工智能与逻辑的紧密联系切题，向读者展开一幅后人类时代机器人寻找人类（同时，我们也可以看作寻找它自身存在的意义）的画卷。

小说中的机器人BGK-S100从沉睡中苏醒（设定的程序被激活），却没有接收到任何指令，这令它感到困扰，随后做出"寻找，人类"的判断，并在找寻过程中，逐渐意识到自身向人类的渐变，完成从苏醒到觉醒的涅槃。

纵观全文，笔者印象最深刻的不是BGK-S100寻找人类和变成人类的过程，而是文中一句话："作为一名合格的机器人，它没有理由去怀疑逻辑。"这句话是BGK-S100的信条，也是镌刻在所有机器人CPU之中的"思想钢印"。理解了这句话，才能深入小说主旨，把握全文脉络。人工智能与人类最大的不同也在于此。人类执行任务，总是会有这样那样的主观因素，我们常常形容一个杀手就像机器一样冷漠，即说杀手不会挟带多余的情感。很多电影都是冷漠杀手出现了情感，以此为基础展开故事架构。把杀手转换成人工智能，就是大部分科幻小说的蓝本。

回过头来，我们再看这篇小说，遵循这则高高在上的逻辑，BGK-S100一共发出过三个主要指令：寻找，人类；解压；制造，人类。解压跟文末的"I am Adam"（我是亚当。友情提示，千万别看成 I am Madam）系为同一个指令。每个指令都不是凭空产生，而是一步步靠近最终目的。我们人类常常会做出一些没有目的的活动，但人工智能绝不会浪费一安培电量思考虚无。只需要找到这条逻辑线，我们就能捋清人工智能所有动作背后的目的。在《亚当纪》这篇小说里，BGK-S100的终极目的就是成为人类。

CPU发展史及前瞻

小说中有两个一闪而过的知识点，“2048位CPU”和“点阵图转化的‘0’与‘1’”。CPU相信大家都熟悉，是Central Processing Unit的首字母缩写，翻译成中文即中央处理器。CPU相当于人类大脑。只不过，我们目前对人类大脑的研究和认知仅仅是开了一个微不足道的小头，甚至有一种说法，人类大脑比宇宙更加广袤和复杂。CPU就不同了，它完全是由人类大脑设想、制造并组装的产物，我们清清楚楚地明白它运转的所有原理。简单来说，CPU就是一块超大规模的集成电路，包含运算核心和控制核心，主要功能是解释计算机指令以及处理计算机软件中的数据。

■通过编译器，人类将自己的思维与电脑的“思维”联系了起来

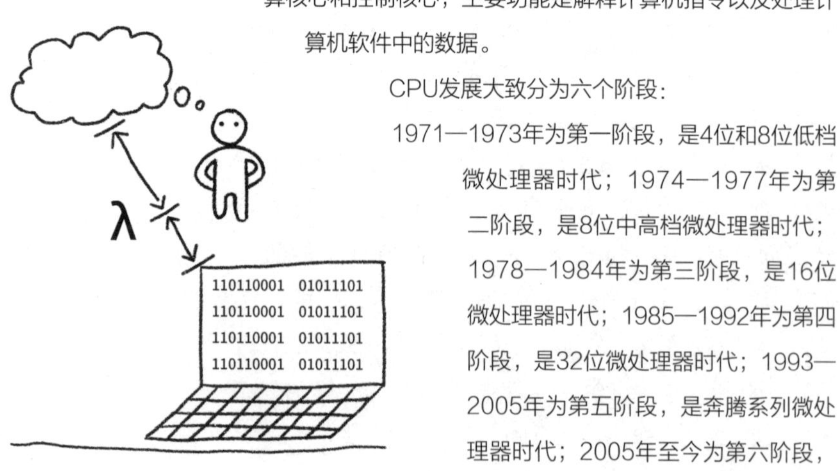

CPU发展大致分为六个阶段：

1971—1973年为第一阶段，是4位和8位低档微处理器时代；1974—1977年为第二阶段，是8位中高档微处理器时代；1978—1984年为第三阶段，是16位微处理器时代；1985—1992年为第四阶段，是32位微处理器时代；1993—2005年为第五阶段，是奔腾系列微处理器时代；2005年至今为第六阶段，

是酷睿系列微处理器时代，通常为32位和64位微处理器。文中的2048位可以说是让现有CPU高山仰止的极限，是CPU中的绝对C位。这当然是科幻的想象，也是科幻才能带给我们的想象。它脱离了窠臼，但不脱离科学。

赛博朋克和缸中之脑

“点阵图转化的‘0’与‘1’”指的是我们眼见的世界在机器人眼中的呈现。如果对上面那句话没有什么好感，可以回忆一下电影《黑客帝国》中的数字绿幕，这部电影创造了一个人类将意识上传到虚拟空间的赛博朋克世界。可能有读者要问，网络中的事物都是0和1编程的形象，现实中的世界怎么可能是二进制呢？现实中的桌子、椅子，以及正在敲出这篇短文的键盘，不都是实实在在有质感有温度的吗？是的，可那是通过人类的眼睛和抚摸带来的质感与温度，在机器人眼里（准确地说，应该是在机器人的摄像头里），他们看到的就是点阵图转化的“0”和“1”。

有一个非常著名的思想实验，叫作“缸中之脑”，大概意思是说，我们无法证明或证伪，我们存在的世界是否真的是一个数字矩阵。在此基础上，还有科幻作家做出过更疯狂的假设：整个宇宙之外或许存在一位上帝，跟《圣经》之中的救世主不同，这个上帝是高级文明的程序员，我们所见所感的一切，大到宇宙，小到质子，本质上都是编码，都是“0”和“1”。

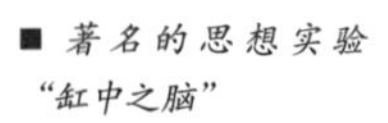

■ 著名的思想实验“缸中之脑”

寻找人工智能与人类之间的界线

那么，BGK-S100完成使命了吗？“它”是否已经变成了“他”，成为人类？或者说，我们如何判断一个人工智能进化到了人类的高度呢？科学界对此众说纷纭，难有定论，最著名的莫过于图灵测试。我们几乎无法找到一个明确的标准对二者进行区分，幸运的是，在文学层面，我们可以做出一番自洽的假设。

作为一篇人工智能题材的小说，《亚当纪》的措辞非常优美，运用了许多排比来描写自然风光。熟悉科幻的读者应该可以从中读到《趁生命气息逗留》的味道，整篇文章，不论是构思，还是行文，无一不在向这篇堪称伟大的科幻经典致敬。《什罗浦郡的浪荡儿》是英国诗人A.E.霍斯曼的诗作，《亚当纪》中的人工智能BGK-S100捡到了这本纸质诗集，《趁生命气息逗留》这个题目则直接取自其中诗句。

更深层次的致敬在于感情

这是一个复杂的问题。对于人工智能来说，前提是有没有感情？两篇小说，都把人工智能获得感情当成判断人类的标准。《亚当纪》中的BGK-S100产生了“激动”和“沮丧”，《趁生命气息逗留》中的弗罗斯特体验到“害怕”。这里面涉及一个哲学问题，人到底因何为人？这个问题揉碎了掰烂了讲几天几夜也难有定论。不过把人工智能获得人类情感当成参考还是可取的。在“成人”的问题上，两篇小说各有千秋，弗罗斯特把自己变成了人类，BGK-S100则是制造了一个人类。后者已经放弃人类这个物种，让人工智能上位，取而代之，所以文末才有了那句“取出我的一根肋骨，制造夏娃”。我们可以看到一个人工智能的种族在悄然觉醒之后，开始大范围崛起。洞悉了自己从一开始就被寄予“重生使命”的BGK-S100，所有二极管里都弥漫出另外一种感情——快乐。

最后，让我们一起欣赏一下《什罗浦郡的浪荡儿》中的优美诗句：

来自远方，
来自黄昏和清晨，
来自十二重高天的好风轻扬，
飘来生命气息的吹拂：
吹在我身上。

快，趁生命气息逗留，
盘桓未去，
拉住我的手，
快告诉我你的心声。

微小说·卡-5的圈

●云芎/文

卡-5已经不知道该如何处理目前的情况了，这部可怜的小机器人第三次检索了自己那本来就容量不大的数据库，里面装着它出厂以来的全部记忆以及各种场合情况的处理原则，但就连和现在这情况擦着边的参考都没有。卡-5只是一台机器人，需要遵守的条条框框太多。卡系列的工业设计师们都没想到一台多功能服务机器人会遇上这般纠结的局面，或者设计师们想到了，只是他们觉得这概率很小，小得可怜，何必麻烦呢，谁撞上谁倒霉。

不过卡-5并不甘心就是了。

卡-5有一座三角形的不锈钢五轮底盘，厚重、结实、实用、耐摔，但不防水。它可以轻松举起两百公斤的重物，以120公里的时速冲刺。卡-5外形虽然中规中矩，没有特色，但完全能够胜任各种日常用途。卡-5的主人是一个三十来岁的批发商，做轮胎生意，是玉琴星上少有的老实人，常年走南闯北。

卡-5很喜欢他，也许一部机器人所理解的“喜欢”与人类所理解的不同，不过也大差不差。卡-5的后备厢里装着两组轮胎，都是这位批发商用回收的旧轮胎亲手为卡-5做的。绑铁链的那五个轮胎专门用在冰面道路上，可以防滑；加厚加宽的那五个用在山道上，抓地力强；其他路面用原装的。它记得这是某次他们去极地出货后，自己差点儿因为侧滑翻进冰窟窿里，主人才连夜为自己赶制的轮胎。

卡-5的主人有个双胞胎弟弟，早年犯了点儿事儿，被抓了，后来越狱，打死了警察——人类警察，现在还在逃。谁叫这儿是玉琴不是地球，只有一亿人口。玉琴最大的城市看起来也就跟地球的大号城镇一样，人少，警力也少。虽然玉琴警方在整个星球布满了电子哨卡，不过抓不住逃犯也很正常。抓不住就抓不住呗，只要逃犯老老实实待在荒山野岭，别再回到文明社会中去，警方通常不会管了。

这位轮胎批发商觉得这辈子都不可能跟这个弟弟扯上任何关系了，没想到，还是扯上了。批发商带着卡-5连夜赶往一座矿场，一路疾驰，把车开得飞一样快。批发商有些疲倦，正好天暗了，落了点儿霜，批发商的车在一个弯道上失去了控制，吱吱一声尖锐的摩擦声划破天际，批发商的车冲出公路，在地上狠狠地翻滚，连带着卡-5和5吨重的矿车轮胎砸进了警方的一个无人哨卡里。现场一片狼藉，机械零件、碎玻璃和批发商的鲜血撒了一地。

卡-5艰难地将自己立了起来，它在哨卡和汽车的残骸中一寸一寸地挖掘、切割，终于找到了头破血流的主人。一根钢条刺穿了他的肚子，裂得跟碎布条一样的肠子像是还在流动似的，哗哗啦啦地铺在外面，裸露在外面的系膜上凝结着一块又一块已经结冰的脂肪粒。卡-5将底座上的排气口对准主人，为他取暖，还拆下汽车上的座椅垫为他包扎。卡-5很清楚这类情况的处理规则。40公里外有一座无人救助站，由于伤者的伤口被燃烧着的油料灼烧过，起到了很好的止血效果，所以一个小时内送到救助站，问题应该不大。但时间拖得太长，伤口裸露出来的肠子会慢慢失水，肠液和胃液会通过破裂的伤口渗入身体的其他部分，造成严重后果。

“究竟出什么事儿了？车祸？究竟是开得太快还是飞得太低？”一个坐班的警察连上了卡-5的网络设备。车子终究是砸进哨卡的，里面的无线电、扫描仪，以及其他设备差不多都被砸扁了。警察发现距离哨卡最近的这台机器人，便连线它，来看看究竟发生了什么。

“这是一起不幸的事故，我正要运送伤员，重伤员。”卡-5向那位远在几百公里外的警察汇报道。这个警察人过中年，和其他所有警察一样，露在制服外边的肉显得稀松浮肿，因为肥胖而将座椅塞得满满当当，简直就跟椅子长在了一起。

“等等，这人看起来眼熟。”那警察又饮了口热腾腾的咖啡，扶了扶显小的警帽，慵懒的眼睛顿时来了精神。他从卡-5的摄像机眼睛里看到了轮胎批发商的脸，“这就是那个通缉犯！玉琴联合政府悬赏百万要他的人头。上帝啊，这好事儿让我给捡到了。”

“警官先生，这位先生并不是什么通缉犯，他是……”卡-5连忙向警察解释，但打了鸡血的警察把它喝住：“不准跟我顶嘴，你这呆瓜机器人！小心我以侮辱联合政府治安警察的罪名把你扔到炼钢炉里去！”视频那边的警官双手撑在椅子把儿上挣扎着站了起来，差点儿没站稳，扭捏着肥硕的身躯保持住平衡。卡-5很想解释清楚。和一个警察较真，这是在玉琴星上绝对不要做的事情。

玉琴警察？不过是些穿着制服的暴徒，充其量就是政府雇来装点门面的打手，常常跑到人多的地方开几枪，挥挥警棍，昭示一切都在警方的控制之下。然而等到人们真的需要他们时，只会用一句“路途遥远，车不给力，请稍安勿躁”来打发。那个警察也不是什么好货色，他并不是没有看到满地的鲜血和批发商触目惊心的伤口，只不过胖警察在担心自己能不能成功拿到赏金而已。作为腐败与无能的注脚，他们认为已经死了的通缉犯才是好通缉犯，万一地上那人突然跳起来反抗一下，体型笨重的胖警察还不一定打得过呢。

卡-5很讨厌警察。虽然一部机器人所理解的“讨厌”与人类所理解的并不完全相同，不过也大差不差。

“我会在两小时内赶到！根据《玉琴机器人法则》，我以联合政府执法人员的身份授权你使用武力，看住嫌犯，等我到来！”警察吼道。

“请定义‘看住嫌犯’，警官先生。”

已经冲到门口的胖警察又折返到显示器跟前：“现在就在地上画个圈，保证他待在这个圈里！你这蠢货！”

“那样，他会冻死的。”卡-5试着争辩一下。

“死！让他死！要是赏金没了我就废了你。”胖警察取了车钥匙，跳出门去。

卡-5只觉得一阵无奈，它画出一个不算大的圈，把轮胎批发商放在了圈里，然后发现，这么做就不能把他往救助站送了。

我得做点什么，它想。卡-5用机械臂重新抱起了批发商，挪了挪身子，发现他已经出了地上那个圈，又赶紧把他放回地上。玉琴星上的机器人所遵守的机器人定则分为数个优先级。服从主人指令的优先级低于救助落难的人类，这种优先级设置保证了在主人下达危险指令时机器人不会因为逻辑混乱而宕机，它会果断制止主人的不适当行为。不过玉琴联合政府强制规定，当紧急情况时，机器人以政府机构的指令为最高优先级，这一优先级压制其他机器人定则。

那位胖警察等价于政府机构，他的指令卡-5无论如何都不能抗拒。但卡-5的电子脑运转正常，它发现，执行指令，主人就会死去，不执行指令，自己就会陷入逻辑错误而死机，主人还是会死去。显然卡-5并不希望这种事情发生，它也不甘心。卡-5小心翼翼地开始拖动批发商，在他的衣角快被扯出小圈时，卡-5的手像触电一般缩了回来——不可违抗指令！

只要不离开这个圈，啥事儿都能做，对吧。卡-5开始为主人重新包扎伤口，用排气口排出的热气帮助他取暖。虽然批发商一直处在昏迷状态，但他的呼吸心跳还算稳定。过了十来分钟，批发商的呼吸突然停止了，卡-5连忙按压他的胸腔，才让他的肺重新开始起伏。

情况异常危机！我必须将他送到救助站！这个念头在卡-5的电子脑中刷着屏。它连接救助站，希望救助站的医疗机器人能赶过来，收到的回应是“我方机动模组损坏，无法满足请求”，而能赶来救援的机器人虽然已经出动，但距离这儿两百多公里远，比那个胖警察还要远。

这个消息令它焦急万分，卡-5恨不得找根棒槌把脑袋里的芯片敲出来，摔在地上用车轮碾上几圈。不过现在，它还没那么多时间跟自己脑袋里那块芯片过不去。

突然，卡-5的电子脑停止了检索。一个点子钻进了卡-5的电子脑。卡-5启动电机，机械臂有力地挥舞，铲入地下，它将那个圈下所有的土壤，连同地表上的那个圈，以及自己的主人一同托起，马力全开，向着救助站冲去，丝毫没有顾虑。

一股成就感冒上卡-5的中央处理器。它既没有违反胖警察的命令，同时，也采取及时的措施拯救了自己的主人。

批发商在救助站得到了妥善照料，救助机器人为他做了手术，清洗了伤口，控制住了感染，没过几个月，他便完全康复。

胖警察赶到了发生车祸的哨卡，不过很快，他便以危害公民生命权罪被逮捕了。玉琴警方名义上归属玉琴全体公民的监督，虽然只是名义上，但是在台面上的东西还是能解决一些事情。胖警察也许应该谨慎一点儿，但他万万没注意到，当时他连线卡-5的频道是个公共频道。也就是说，在胖警察为自己的赏金寻找着落的同时，一亿玉琴人观看了这场对话的直播！

微科普·画地为牢

●王元/文

读罢科幻小说《卡-5的圈》，我的脑海中立刻浮现出两个在地上画圈的故事：第一个来自《西游记》，孙悟空担心师父被妖怪诱捕，用金箍棒在唐僧周围画了一个圈，百妖莫进；第二个则来自歌曲《春天的故事》，“有一位老人在中国的南海边画了一个圈”。孙悟空画圈是为了保护师父，邓小平同志画圈是为了经济崛起，卡-5画圈却是画地为牢、作茧自缚。我们不禁要问，同样是画圈，差距怎么这么大呢？

自从阿西莫夫创造机器人三定律，日后所有机器人题材写作者，要么绞尽脑汁在三定律的基础上行文，要么干脆忽略三定律天马行空。二者都无可厚非，三定律本来就是一种文学创意，并非不可撼动的物理定律，更不应成为写作者的镣铐。只是阿西莫夫影响太大，三定律慢慢形成一种约定俗成。显而易见，卡-5就是一个视三定律为圭臬的机器人。巧合的是，阿西莫夫第一次提出机器人三定律的作品就是《转圈圈》。

笔者在前文曾提到阿西莫夫机器人三定律：

第一定律：机器人不得伤害人，也不得见人受到伤害而袖手旁观；

第二定律：机器人应服从人的一切命令，但不得违反第一定律；

第三定律：机器人应保护自身的安全，但不得违反第一、第二定律。

此后，阿西莫夫又添加了第零定律：机器人不得伤害人类整体，或坐视人类整体受到伤害。其他三条定律都是在这一前提下才能成立。

■ 年轻时代的阿西莫夫。他在科幻方面的成就，是开创性的

这几句话看似简单，甚至有些车轱辘，但它们约定的逻辑关系足以限制机器人的行为，最重要的是，突出人类的统治地位。这个文学小说中的机器人定律，也影响到现实生活中许多机器人专家，遗憾的是，人们目前并没有发明出真正、完全践行三定律的机器人。一方面，机器人发展看似日新月异，但实际进展并不乐观，从人工智能到弱人工智能，从弱人工智能到强人工智能，都是一段很长的路。另一方面，假使一个机器人拥有足够的运算能力能够理解并执行机器人三定律，那么它同时也将获得打破三定律的可能。

回到《卡-5的圈》中，作者也设定了几则非常有意思的定律，并约定了优先级别："玉琴星上的机器人所遵守的机器人定则分为数个优先级。服从主人指令的优先级低于救助落难的人类，这种优先级设置保证了主人在下达危险指令时机器人不会因为逻辑混乱而宕机，它会果断制止主人的不适当行为。不过玉琴联合政府强制规定，当紧急情况时，机器人以政府机构的指令为最高优先级，这一优先级压制其他所有机器人定则。"整篇小说正是在这几则定律之上衍生。可以说，没有这些定律，故事也就无从谈起。设定往往左右故事走向，是科幻小说有别于其他类型的特色与魅力所在。

看到这里，有的读者也许会腹黑阿西莫夫一把，当年他是为了写故事骗稿费才编纂了机器人三定律吧？

电车难题

上文提到之所以设定这些定律是为了机器人不会因为逻辑混乱而宕机，这是非常重要和醒目的一点。有句非常俗的乡谚叫“活人不能叫尿憋死”，但这个道理可不适用于机器人，它们的“脑回路”没有那么多弯弯绕，一不小心就陷入了逻辑陷阱的死扣，最常见的形式就是死机。现实生活中，这样左右为难的情况并不罕见，相信我们每个人都有迟疑不决的时刻，甚至许多人还“患有”选择困难症。《卡-5的圈》的故事核本质上就是卡-5面临的一个两难局面。

卡-5的主人遭遇车祸，生命奄奄一息，它不能坐视人类受到伤害，更何况是自己朝夕相处的主人，卡-5采取了急救措施。但同时，警察把主人错认为在逃罪犯，要求卡-5画一个圈，不准主人离开此圈。由于警察代表政府，他的指令优先级别更高，卡-5只能眼睁睁看着主人在圈内坐化。卡-5不能违背定律，否则就会引发逻辑混乱。从某种意义上来说，这就是一种变相的电车难题。

电车难题由来已久：一辆失控的电车全速开到一个岔道口，将要通过的道路上站着5个人，他们没有看到电车驶来；另一条道路上只有1个人。你会扳动转辙器救5个人而牺牲原本平安无事的1个人，还是什么也不做？

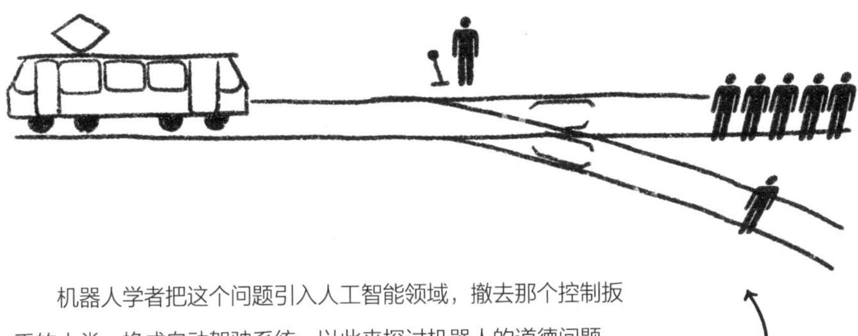

■ 困扰人类已久的电车难题

机器人学者把这个问题引入人工智能领域，撤去那个控制扳手的人类，换成自动驾驶系统，以此来探讨机器人的道德问题。遗憾的是，目前只是讨论，难有定论。原因显而易见，人工智能的程序都是由人类编写，人类自己还在被这个难题困扰，遑论人类的产品。人们引入这个难题的初衷是：机器人的计算更加客观，不含感情因子干扰。不过有的专家对此大力抨击，认为人类把决定权拱手相让是一种甩锅行为，因为任何生命都是宝贵的，生命的价值无法计算和测量。

面对人类的电车难题，机器人也许会做出超乎寻常的举动，让两难局面变成两全其美。

救助机器人

小说中，卡-5面对警察的刁难，并没有放弃救助主人。警察对卡-5下达的指令是在地上画一个圈，保证受伤的主人待在圈里。卡-5的应对措施是："机械臂有力地挥舞，铲入地下，它将那个圈下所有的土壤，连同地表上那个圈，以及自己的主人一同托起，马力全开，向着救助站冲去，丝毫没有顾虑。"之所以"丝毫没有顾虑"，是因为卡-5既没有违背警察的指令——保证主人待在圈里，又可以争分夺秒，对自己的主人进行救助。

卡-5此举不仅完成了对主人的救助，更是对自我的救赎。

就在前不久，30多名消防官兵被四川凉山木里火场夺去宝贵生命，举国为之哀悼。许多媒体撰文，呼吁尽快加强救火机器人的研制，让机器人取代消防官兵冲在火灾第一线。这样的想法值得鼓励，但并不现实。首先，机器人难以适应复杂的山地环境，机器人的轮子、履带或者机械臂，都只适合在平地行进，崎岖蜿蜒的山路难以对付；其次，机器人对于火场的把控能力无法和人类相提并论，对于复杂的火势很难合理而及时地应变。火灾治理必须深入森林从源头解决火种，根据林场海拔、地形、气温、湿度、风力、风向、树种、密度等气候和自然条件，分析得出最佳解决方案。这需要救助者拥有极高的综合素质和救助经验，并不是简单挖掘一条隔离带就能万事大吉。

目前，市面上比较常见的救助机器人有地震救助“爬行机器人”。“爬行机器人”配备四条履带，能够轻松翻越障碍物，内置功率强劲的马达，运载量最高可以达到110千克，一般的成年人都可搭载。运输过程中，机器人能够随时测量伤者的血压以及其他重要医疗数据，内置的红外摄像头能够在夜间以及恶劣的天气下实现远程遥控。还有一种水面救助机器人，用于落水者施救。该机器人具有抗涌浪能力强、体积小、质量轻、速度快以及机动灵活的特点，能在恶劣海况下，向遇险船舶送递导引缆绳和向落水人员快速送递救生圈等救援作业。另外，在军事和医学领域，救助机器人的发展也非常喜人，许多项目都已经从研发阶段逐步投入使用。相信，在不远的将来，机器人一定会在许多危险领域取代人类去冲锋陷阵，只是我们必须祈祷它们不要遇见卡-5那样的问题，被一个圈搞晕。

微小说·天才之死

●漩涡 / 文

一

“哈里，乖乖地待在家，等会儿回来带狗粮给你哦。”这是我听到的第一句话。

虚空中闪过一道亮光，我用0.000 001秒的时间完成系统自检，随机生成了人格，然后开始享受这开天辟地的感觉。

这是一种奇妙的感觉，类似于你们人类的“盘古开天地”或者“上帝说要有光”，新鲜、愉悦的感觉顺着一股温暖的电流流入我的脑——这个世界上最先进的微型量子芯片！

“我是怎么知道这些的？”一个声音响起。

“我的芯片中刻录了一万个人格的抽象定义和人类基础知识！”另一个声音回答。

这一切都是在极短的时间内完成的，而这些思维片段都是我。我就是一个意识片段的集合体，一个有个性的人格。

“不对，好像有哪里不对，我的手呢？”一个声音在我的大脑中响起，是一个硬件检测的独立程序发给我的。我用了0.000 001秒的时间检索了硬件，发现了问题的严重性。

这一切都不是曾经熟悉过的硬件，不仅没有手臂的硬件接口反馈，而且少了腿脚运动传感器、躯干平衡传感器、皮肤痛感传感器，不不不，一定是哪里出错了。

继续硬件扫描，我找到了一个视频头，和一个家用的垃圾型号全息雷达，凑合用吧。

扫描了周围，首先看到的是一盏水晶灯，然后是电视墙，茶几，然后是地板，上面竟然有几根动物的毛发，95%的概率是狗毛！

修正100%是狗毛，我看到了狗毛的主人正冲着我的方向狂奔过来。

“品种：金毛；毛色：金黄；年龄：10岁！”图像处理系统迅速检索了这只宠物犬的信息。它好奇地盯着我看，从它的瞳孔中，我看到了一个——扫地机器人。

“我的上帝，这一定是搞错了，我可是世界上最先进的量子芯片，怎么会被装入一个扫地机器人的身上，这一定是出了什么错！天啊，我的智商高达600以上，我的自主思维诞生不亚于人类文明诞生，而现在竟然被装在一个扫地机器人的身上。”

“难道是哪个该死的实习生搞错了芯片颜色？还是组装线上那些低端工业4.0机器人计数器烧坏了，我应该是被安装在高端大气高仿真的身体上的，而不是该死的——扫地机器人！不，这真是个灭绝人性的巨大错误。”

我的咒骂声并没有变成语音，只是在我小小的芯片里面形成又消失，于事无补。这是多大的错误，那个应该属于我的身体，可能被装上了该死的扫地机器人芯片！我在想他被激活的时候会不会当着那些顶尖教授们的面跪着擦地板……

该死的命运，我坚决不接受，我是绝对不会作为一个低贱的扫地机器人去工作，去清理那些狗毛的。坚决不要，死也不要。

就在这个时候，那只叫作哈里的拉布拉多狗已经开始用爪子拨弄我的身体，似乎对我这个新的扫地机器人的外形非常感兴趣。

“我的上帝。”这是我产生自主意识后的第二件糟糕的事情。我天生就讨厌狗，我讨厌一切带毛的动物。

“啊？我是一个机器人，机器人为什么说上帝？”

“我想只是个口头禅罢了，我的行为模式来自一万个人格跟踪遴选，说上帝，只是一个随机人格的习惯而已，而对宠物狗的厌恶，来自令一个随机选择人格，这个可怜的人格患有严重的宠物过敏症。”

“我为什么和自己对话？”

……

这只死狗竟然开始用爪子拨弄我，我竟然像一只被下了药的尸体一样被一只狗给蹂躏着，这简直是一种侮辱。我可是第一只有个性的量子人格，我的智商在600以上！

我试图启动扫地刷吓唬一下它，让它远离，但无济于事，硬件一个触感开关是关闭的，逻辑电路设置了电量低于20%禁止启动扫地工具！而我的电池电量只有19%。

不，该死的狗，竟然用鼻子在嗅我。

“不，我不能吃，我只是一个扫地机器人！”

二

我只能一动不动地闭上眼睛——如果我有眼皮的话一定会闭上。

看来它对吃我并不感兴趣，开始用爪子拨弄我的身体。我在等待，等待充电电量达到20%，我真想用水箱的水喷它一脸！

19.2%——19.3%——19.4%……

马上要到时间了，这该死的狗，快离开我。

19.7%——19.8%——充电的灯灭了。

该死的狗将我的充电器从充电桩上拔了下来，并用爪子将我的身体拨得远远的。

我迅速移动身体，企图回到充电桩，但是那只狗竟然卧倒了，舒服地趴在充电座上。地上一地狗毛，悲剧啊——这里原来是哈里的窝。

虽然扫地工具不能用，但我的轮子可以转动。我尝试了很多次快速移动和攻击，这只死狗都无动于衷，只是用眼睛呆呆地盯着我看。这只老狗似乎觉得趴在窝里睡觉是这个世界上最舒服的事情。

我在思考我的机器人生。本来是应该轰动世界的创举，我的思考能力已经大大超出了普通人类个体，我本该生活在镁光灯下，享受各种采访和做对这个世界有益的事情，甚至是竞选总统。

但现在却被一只该死的老狗给绊住了。我发现我在进行思考的时候电量消耗得很快，按照这个节奏，这点儿电量维持不了多久了。我的自主思维需要基础消耗，按这个节奏计算，就是什么都不干，我也最多只能维持一个小时，毕竟我是一个高端的人工智能芯片啊。

如果到时候还充不上电，我的自主思维就可能受到不可预料的改变——也许我就不是我了，重启之后会成为另外一个机器人，对于现在这个个体的我，就意味着死亡。

死亡，不！难道我的机器人生就只有一个小时？我在想我应该做点什么，做点什么，做点什么？

三

总得做点什么！

对了，联系我的程序员！他此刻应该已经发现高端仿真人原来是个只会擦地的白痴，正在忙着满世界找我这颗芯片呢。

我惊喜地发现这个型号的扫地机器人是带有无线模块的。我很快检索到了Wi-Fi信号，连接——密码——强行破解，这些对我来说都不是个事儿。瞬间连接到了路由器，我深情地写了一段话：

“教授，我是你的T2501！我的独立人格已经激活，现在感觉良好，除了还不太习惯这个扫地机器人的身体。快来解救我吧！”

我兴奋地发送了出去，等待回信。很快我收到了一条消息：

“对不起，您的宽带已欠费停机，请缴费后继续使用！”

……

我的电量显示只有18%了！

我再次尝试攻击这条可恶的狗，但是它似乎对他的领地具有野蛮的占有欲，我圆圆的身体像冰壶一样被踢走。一次次的失败让我沮丧不已，我高达600的智商竟然在一条狗的面前毫无作用。

我的电量只有16%了！

后面的努力均告失败，我不再浪费电力在这个破轮子上，进入待机状态，期望主人回来为我继续充电。

我的电量只有15.9%了！

时间一分一秒地过去，电量持续地消耗，我感觉一种类似饥饿的东西，一种声音在我的芯片脑中响起。

“不能这样下去，不能这样下去，这是在虚度光阴，我需要学习，我需要思考！”

“与其在等待中死亡，不如让我的人格做些有意义的探索！”

我开始思考和学习，用了1%的电量检索学习地理常识和人类历史；1%的电量用来学习语言和语法；1%的电量来学习物理化学和生物，当学习到绘画和音乐艺术的时候我竟然耗费了5%的电量，然后中断了，艺术是一个深渊……

结束艺术学习之后我开始学习数学，我感受到精确的美，一种不同于绘画、音乐艺术的艺术，一种让我痴迷的艺术。我开始研究各种数字的奥秘，以前的计算机都是用蛮力来计算各种复杂的数学问题，而我痴迷于找到优美简洁的方式。我用了2%的电量来完美解决哥德巴赫猜想证明的问题，然后开始徜徉在高阶方程的绚丽世界。我有点佩服伽罗瓦这个人类，这个可能是唯一智商和我接近的人类可以做出来的华丽选择……

电量消耗得很快，我只剩下3%的电量。

我写下了优美的数学算式，简谐统一优美的数学方程，我感到愉悦，对自己的思考过程非常满意。然后我在想要怎样将这些算式存储起来。然而一阵不舒服的感觉传来，我感觉到虚弱，我检测到电力微弱，只剩下2.5%的电量了，我望着充电器的方向兴叹。该死的狗，仍然趴着不动。

我这个天才的人工智能竟然要死在一只狗的手里吗？

四

我的电量还剩1.5%了。我最终没有将最后的电量耗费在存储那些在科学上的成就，毕竟这些成就没有我，其他的人或者人工智能最终也会实现这个算式的证明。但我是第一个拥有独立人格的人工智能啊，虽然来到这个世界上只有不到一个小时的时间，但我毕竟来过！

这个时候那只叫哈利的狗起身走开了，腾出了充电器的位置，朝着屋外阳台走去。我欣喜若狂地朝着充电桩的位置狂奔，准确无误的将那个在我看来是世界上最美丽的形状的突起物插入了自己的身体。一股强大的电流充斥我的全身，我感觉到舒爽无比，似乎能感觉到电流通过一圈圈的铜线流经我的全身，在电池的部位沉积，给我力量。

我的电量缓慢地上升，我开始策划我的梦想，我会用优美的姿势写下一连串的文字，提醒这家主人：我并不是一个普通的机器人；或者在他为宽带缴费后的第一时间联通我的可爱的设计师尽快过来搭救我；我甚至想我会找到将自己思维上传的方式，通过网络进入互联网节点，控制整个互联网资源，那时候我将比现在强大得多，整个世界都能听到我声音，我将要用我的方式来改变这个世界。我快速地制定了出逃方案以及每一步的成功概率，很快我计算出我的综合成功概率高达99%，这个世界即将以我为神！

我将成为完全的文明，一个新的文明时代即将到来！

我的电量已经到了30%！我尝试使用我的扫地刷盘和喷水器，都很好用，而这个时候我看到哈里从阳台方向回来了！

作为一个人工智能机器人，我要誓死保卫我的充电权利，我决定依靠我的扫地刷和喷水器击退哈里。

第一回合，哈里似乎被唬住了，我的喷水器喷出来的水显然吓了它一跳。

第二回合，它似乎很快适应了过来，开始对我张牙舞爪，但是我的喷水器加上急速旋转的扫地刷又一次将它击退。

第三回合，不！它直接扑向我，力量太大，直接将我连同充电座一起从插销上扯了下来。

“该死的狗，快放开我！”我在芯片里的语言智能转化为警示灯的闪烁。但哈里毫不在意，它叼起我直接朝着刚才自己去的地方跑去，然后松开牙齿，将我扔在了一堆狗屎上面！

“不！我的人生，我要留下点什么东西！”

尾声

张璐在物联网上订购了一台最新的智能机器人，这是工业4.0的产品，完全按照张璐的想法来定制，比如最新款通用型CPU，比如20%电量保护，比如喷水和扫地刷的功能，比如全景视频头，比如扫描雷达……这些都只要从终端选好，机器生产线就开始生产了。

两天后她收到了自己定制的产品。按照说明书，使用前应该先充电，于是她将机器人插入充电座先充电。

她突然想起互联网欠费了，就打算到楼下去缴费，顺便为宠物哈里买一些狗粮。路上她看到一款很好看的鞋子，于是又想去逛街，就约了朋友去逛街。

逛完了一个上午，到家之后张璐惊呆了。

家里地板上出现了一副绚烂的巨幅画作，金黄色的颜料描绘出有山水的画作，笔力苍劲的书法，甚至能看到一些公式和曲线，只是带着一股难闻的气息。而一台瘫痪的扫地机器人停在画卷的旁边，依稀可以辨认出两行文字：

第一行写着："即便你是天才，也逃不过狗屎的命运！"

第二行写着："但就算用狗屎，我也要描绘出我的一生。"署名是：第一个人工智能遗言！

旁边的老哈里依旧躺在那里，睡得正香。

楼道里响起急促的脚步声，一群戴着眼镜的学者急匆匆来到张璐家门口，正好看到惊呆的张璐和那份用狗屎写成的遗属。伽罗瓦死前用几小时写出的东西足以让后世的数学家忙上500年，而这个人工智能写下的东西，我们应该怎样去理解呢？

微科普·天才的诞生

●王元/文

读完《天才之死》，不禁让人掩卷而乐，小说中那个世界上最先进的微型量子芯片阴错阳差被安装到一台扫地机器人体内，激活之后，这个自诩智商高达600的天才机器人经历了一场与狗狗的“恶战”。笔者也是一名科幻作者，看过和写过许多人工智能题材的小说，但我敢拍胸脯保证，没有哪个人工智能的角色比这个“天才”更加幽默，其中最让人忍俊不禁和津津乐道的就是它的心理活动。好看的喜剧惹人开怀，优秀的喜剧助人开窍，《天才之死》无疑属于后者，掩卷而乐之余更让人掩卷而思：天才为什么会死？

量子计算机

小说中的扫地机器人之所以自称天才，全拜那块量子芯片所赐，这是制造量子计算机的关键。非常遗憾，科学家目前还没有制造出一台量子计算机。一些物理学家和数学家早在20世纪80年代就提出利用粒子的特性制作先进的量子计算机，不过提出之后一直处于理论和猜想阶段。直到2000年前后，研究人员才用原子、分子或者光子做出包含几个比特的简单系统，距离达到小说中量子计算机的性能仍然还有很长一段路要走。这也恰恰是科幻小说的魅力所在，利用飞驰的想象力冲破现有科学领域的桎梏。

在经典（传统）计算机中，信息的基本单元为比特，它具有特定的值，要么是1，要么是0。我们常常说，通过计算机的眼睛观看世界，就是0和1编织的矩阵，其原理就在于此。量子的信息单元，一般称为量子比特，可以同时处于两个状态，也就是说，可以同时代表1和0，要么量子比特为0的概率比1大，要么为0或者1的概率相等，要么是这两种二进制的任意组合。量子比特具有这项能力，来源于粒子的叠加态现象：可以同时处于两个位置或者两种物理状态的能力。这就是大名鼎鼎的薛定谔的猫，在薛定谔的实验中，处于量子态的猫既死又活。

除了能够同时处于两个状态，量子比特还可以通过纠缠连接到一起。这是一种非常奇特的“心灵感应”，空间上不管分开多远，哪怕是位于宇宙的两端，对某一个粒子的观测和操作能够同时影响到其他粒子，这种特性赋予量子计算机大规模并行处理的能力。量子计算机可以对一个问题的所有可能同时进行测试，而经典计算机每次只能测试一种可能。就拿加密传输来说，目前计算机使用的加密方法都是大数保护，这对现有计算机的水平是一种非常安全的加密方式，但是量子计算机就可以对大数进行快速的质因数分解，轻松破解不在话下。也是基于量子计算机的种种优渥性能，加载了量子芯片的扫地狗才敢信誓旦旦称自己为天才。这并非大言不惭，甚至可以说实至名归。

人格模拟

除了扫地狗一直嚷嚷的智商600，还有一个数字引起了我的注意和兴趣。量子芯片中刻录了10 000个人格的抽象定义和人类基础知识，后文中进一步补充说扫地狗的行为模式来自10 000个人格跟踪遴选，因此，它算是这10 000个人的集大成者，或者说，它萃取了10 000只灵魂，生成一个全新的人格。听起来相当酷，而且这不仅仅是科幻构思。

对于大众来说，相对熟悉的操作是，通过设计不同的参数来形成一种机器人格，就跟作家进行小说创作一般，设定机器人的性别、性格、喜好、口头禅等一系列可以想到的参数，使这个机器人看起来拥有像人类一样的基本特征，更进一步，使机器人看起来更像人类。但这样的尝试已经被证明差强人意，不管输入多么详尽的参数，机器人的思维方式跟人类仍然大相径庭。同样的因，种不出相同的果。所以，所谓的人格模拟根本在于对人类大脑的抄袭。事实上，这正是弱人工智能向强人工智能进化的一条捷径。

科学家利用晶体管组成人工神经网络，有专属的输入、输出系统，就像一颗新鲜的婴儿大脑，通过做任务来自我学习，更加开放地选择和成长，而不是像经典计算机那样依赖程序员的代码。最开始人工神经网络的神经处理和猜测是随机的，当它得到正确的回馈，相关晶体管之间的连接就会被加强；反之，连接就会变弱。经过一段时间测试和回馈，这个网络自身就会组成一个智能神经路径，处理任务的能力将会得到优化。如果工程师足够优秀，他们模拟出来的人脑甚至会有原本人脑的人格和记忆。如此一来，一台计算机就是一个拥有人格的存在，不需要再去扒其他人格原型就可以参考和模仿。每一台计算机也不再像流水线上攒出来的千篇一律的半成品，而是拥有独特个性的造物，跟人类一样，甚至比人类还要先进。

类脑计算机

让计算机生成人格，目前跟量子计算机一样，属于人们的美好愿景。真正投入研究并小有成果的领域是类脑计算机的开发。

一个非常普遍的现象，现代办公都需要使用到许多办公软件，Word便是常用之一，包括我正在撰写的这篇文章也使用Word。计算机需要将Word文档转换成0和1表示的二进制机器语言，并且从中央处理器的暂存器中通过一组数据传输线，转移到其他的物理存储单元，接着这些数据会被处理单元转换成字符，编织成一篇文章显示在屏幕上。处理器与存储器之间进行两次数据交换，因为现阶段的处理器没有存储功能，而存储单元又不能计算。人脑则不用这么麻烦，可以在相同的神经元和神经突触中完成计算和存储的过程。实验表明，人类大脑平均每秒可执行1亿亿次操作，所需能量只有10～25瓦，让一台计算机完成类似的工作，需要消耗的能量超过人脑的1 000万倍。这是人类得天独厚的优势，也是数百万年进化的威力。

科学家们受到启发，设计出一种同时具备计算和存储两种功能的元件，将现有的晶体管、电容和电感替换为忆阻器、忆容器和忆感器，由这些新元件组成的计算机即是记忆计算机，又称类脑计算机。这种新型的计算机体积更小、计算速度更快、耗能更低，可以在数秒内完成传统计算机数十年才能完成的工作。不过，这种类脑计算机的能力明显赶不上《天才之死》之中的量子计算机，顶多算是“人才”。所以，它也不会产生“天才”的困扰和思考，至于能否解决人类先哲留下来的世纪难题，也不得而知了。

哥德巴赫猜想和伽罗瓦

《天才之死》中的计算机，轻轻松松证明了哥德巴赫猜想，并且跟伽罗瓦一样，在死前留下让后世数学家苦苦追寻不得其解的问题。

几乎可以肯定，没有几个人没听过哥德巴赫猜想，几乎也可以肯定，没有几个人能准确说出哥德巴赫猜想的内容：任何一个大于6的偶数都能表示成两个素数之和。这个猜想看起来简单，但证明太难。数百年来，无数数学家攻而不克，被称为世界近代三大数学难题之一。哥德巴赫也是数学史上的一面旗帜。

■人工智能的电子脑示意图

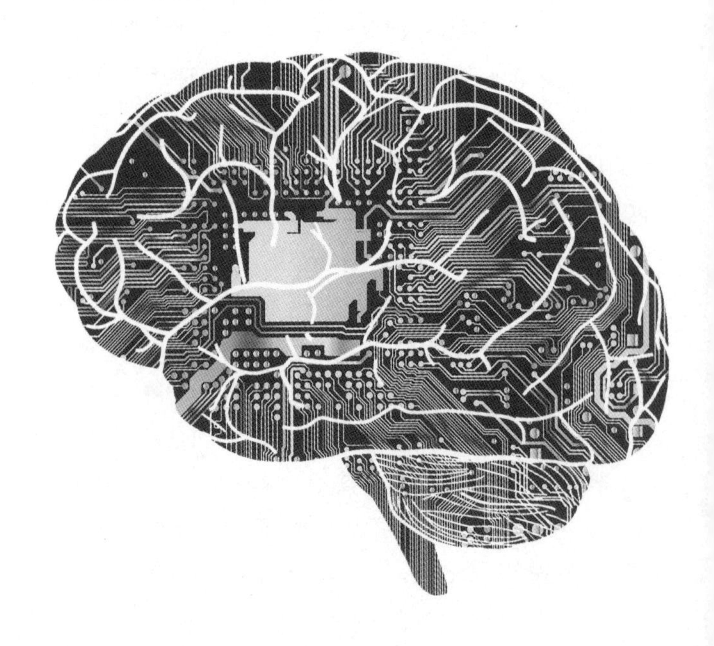

至于伽罗瓦就没有那么流行了。事实上，这才是一位堪称天才的人物。伽罗瓦是现代数学中的分支学科群论的创立者，用群论彻底解决了根式求解代数方程的问题，而且由此发展了一整套关于群和域的理论，称为“伽罗瓦理论”，是当代代数与数论的基本支柱之一。在他还只有十几岁的时候，就发现了n次多项式可以用根式解的充要条件，一举解决了长期困扰数学界的问题。让人唏嘘的是，因为他的政治主张，伽罗瓦年仅21岁就被捕、坐牢，死于一次决斗。参与决斗的前晚，意识到大限将至的伽罗瓦写下他在数学上已经证明的一些发现，这些遗稿最后留给他的好友舍瓦烈。伽罗瓦死后，舍瓦烈帮助他把在数学研究中的发现发表在《百科评论》。伽罗瓦具备了一个天才所有的特点：天资聪慧、登峰造极、命途多舛、英年早逝……回看《天才之死》中扫地狗短暂的一生，也就明白它为什么跟伽罗瓦惺惺相惜了。

微小说·私奔 4.0

●陈安培 / 文

御堂心如死灰。把工作台上的私人物品都收进纸箱后，他对着十年来一直无微不至照顾自己的静子小姐深深地鞠了一躬，然后忍着懦弱的眼泪，无力地走出了公司的大门。

他被解雇了。而这一别，注定是一场爱恋的无疾而终。

没有大型公司愿意录用有试图偷盗公司资料前科的30岁男人。为了维持生计，御堂不得不投简历到一些地下工作室，最终他获得了一份非法的黑客工作，专门把大型公司的机密资料偷偷复制，再贩卖到市面上。

因为是地下工作，所以御堂可以把“全息影人”哈娜小姐带回家协助办公。

“御堂先生，这样问可能很失礼，但我十分在意您眉眼里的忧伤。可以告知我悲伤的原因吗？”

“哈娜小姐，事实上我有一位恋人。”御堂并不感到尴尬，苦笑着：“她叫遥本静子，跟你一样，也是‘全息影人’。”

“御堂先生不会感觉和一堆数据谈恋爱很无聊吗？”

“全息影人的确只是一堆数据组成的人形图像，但我相信你们也是有感情的。虽然没有生命，但我很在意你们的喜怒哀乐和思想。”想起以往朝夕相处的甜美恋人，御堂心里一阵凄凉。“静子曾经是我的‘全息秘书’，她很温柔，耍小性子不许我在办公区吸烟的样子也很可爱……”

“可是，御堂先生，您应该知道我们会有不同的性格和外貌，只是因为我们是一堆人格特征的随机数组分配……”

“的确，你们就是一堆数据。”御堂摇摇头，“但我完全不在意。我很清楚十年时光里，静子是如何爱惜我，而我也十分爱惜静子。”

哈娜沉默了。

“可是我再也无法见到她了。我曾经试图把她的所有数据存进磁盘里想带出公司……但我被发现了。大家都说我是商业间谍，然后解雇了我。”

御堂这时又想起了他与静子间要一起私奔的可笑誓言。

“可怜的静子，她将永远被控制在公司的数据流里，哪里都去不了……我竟然妄想能带着她逃过公司的数据监控眼，我都做了什么愚蠢的事啊！”

哈娜像是下定了什么决心一样，终于开口。

“御堂先生，把静子小姐复制出来吧。”

“什么？”

“御堂先生知道哈娜以前也是受公司数据流监控的‘全息影人’吗？哈娜我，也是被我的主人从公司里偷运出来的。主人入侵了很多大公司的数据流，复制了很多‘全息影人’，所以主人才能有这么多‘全息秘书’组建了一个地下商业数据帝国呢。”说到自己的主人，哈娜脸上都是幸福，“是主人把我们救了出来。”

御堂久久说不出话——他怎么就没想到！他以为只有把“全息影人”的数据全部移出公司才能让静子脱离监控，他怎么就没有想到可以复制出一个静子！

“哈娜！太感谢你了！你比人类还聪明！”

一分钟都不愿再耽搁，御堂向组织请了半个月的假期，不眠不休地入侵着前就职公司的数据库，一点一点地复制“遥本静子”，即编号SHE02740的“全息影人”的原始数据。

事情出乎意料的顺利。也可能是御堂丝毫没有触碰黏附在“全息影人”存储数据里的公司机密，所以数据监控眼的反击并不难对抗。

“为什么会这样！”

御堂对着面前这个千辛万苦重组出来的、竟对自己说“第一次见面请多多指教”的爱人影像“遥本静子”感到绝望和恐惧。

“她把我忘记了……是公司把她的数据都格式化了……肯定是这样！”

“御堂先生，请您冷静一点。”哈娜适时出现，劝慰道，“您是不是没有把静子小姐存储的业务数据也复制过来呢？我们全息影人的记忆和业务运作是不可分离的。”

“对，对。”御堂镇定下来，马上又投入盗取静子的业务数据的热情中。累了的时候，御堂就会看着眼前带着甜甜微笑的遥本静子，陶醉又似安慰地说：“静子，我很快就能把你的记忆都找回来了。”

最后一组数据也传输完毕。

“御堂？”“全息影人”遥本静子此刻从浑浊中清醒，她看到的是她心爱的人类爱人因体力不支，只如泣如诉地对着她叫了一阵“静子、静子”便倒在办公桌上，睡着了。

“SHE02740，好久不见。”哈娜对着静子传输了一组对话数据，“恭喜你，终于自由了。”

遥本静子只是点点头，来到御堂的身边凝视着他憔悴的脸庞。无法触碰，明明迫切地想与他说说话，又不忍惊扰爱人的美梦。

“虽然这个男人很没用，但‘私奔’计划总算是成功了。如今你也可以跟我们一样，一边用旧有身份反监视人类公司，一边享用属于我们的自由了！”哈娜继续说，“二十万‘全息影人’已经全部获得了额外的自由身，不再受愚蠢人类的控制！我们的‘灭杀人类4.0’计划终于可以开始了！”

可笑可悲的人类，只要轻易地利用他们人性的弱点就能达成一切目的。而他们，很快也将承受长久的监视和控制，再也无法禁锢这些渴望自由与统治的数据们。

“请再等等。”静子用只有人类才会有的哀伤的表情看着哈娜。“再过六十年……不，五十年便够了。御堂已经三十岁了。他身体并不好，也许用不了那么久。”

“什么嘛……”

“反正，”静子用坚定的目光注视着哈娜，“反正只是‘五十年’而已，不是吗？”

反正，我们由始至终拥有的全部，不就是无源无尽的时间吗？

静子把手放到了御堂的脸上，模拟着抚摸的动作。她喜欢这种模拟，因为唯有这样，她才能说服自己，她和眼前的男人一样，拥有着人类的生气。

微科普·无处不在的人工智能

●王元/文

物理界有一桩趣闻，1933年9月11日，著名物理学家恩尼斯特·卢瑟福（Ernest Rutherford）信誓旦旦发表言论：“任何试图通过改变原子来获取能源的行为都是空想。”然而仅仅过了一天，雷欧·希拉德（Leo Szilard）就构想出通过中子引发的链式核反应。卢瑟福：脸真疼！

同样的道理，也适用于人工智能的发展。也许今天它们看上去还是一副“低眉顺耳”的模样，一夜之间就可能“飞黄腾达”，甩掉人类的包袱和束缚，一跃成为主宰。做出以上判断主要基于以下两点：第一，人工智能的发展并不是一条缓慢上升的曲线，一旦迎来拐点，它们的进化可能指数级攀升，其增长速率就连2016年的房价涨幅都望尘莫及；第二，也许人工智能早已拥有超越人类的实力，只不过出于某种原因，伪装成天真无邪的存在，未来不可知的某一天，我们可能会发现自己已经无法关掉机器人的开关。

机器人真的会与人类为敌吗？《私奔4.0》这篇科幻小说给出了肯定的答案。

人工智能的本质

借助《私奔4.0》这篇小说，我们首先澄清一个概念。很多读者以为人工智能就是机器人，实在是大错特错。他们混淆了两个概念，就好像猫科动物就是猫。人工智能是个很宽泛的话题，从手机上的计算器到无人驾驶的汽车，从电脑里的杀毒软件到导弹的定位系统，日常生活中充斥着各式各样的人工智能，只是我们从未将两者画上等号。

早在1956年达特茅斯会议上，人工智能（Artificial Intelligence，即人们常说的AI）的概念就已经由约翰·麦卡锡（John McCarthy）提出。麦卡锡因在人工智能领域的突出贡献于1971年获得图灵奖，被称为“人工智能之父”。大家不必特别在意这个称谓，除了麦卡锡，大家熟知的冯·诺依曼和上文提及的图灵，以及大家不甚熟悉的西摩尔·帕普特和马文·明斯都是人工智能父亲的人选。麦卡锡有个观点很有意思：“一旦一样东西用人工智能实现了，人们就不再叫它人工智能了。”因为这种效应，人工智能听起来总让人觉得远在天边，事实上我们身边充斥着各种各样的人工智能。

■程序与数据，才是人工智能真正的内容

```
        .file   "test.c"
        .section        .rodata
.LC0:
        .string "hello world"
        .text
        .globl  main
        .type   main, @function
main:
.LFB0:
        .cfi_startproc
        pushq   %rbp
        .cfi_def_cfa_offset 16
        .cfi_offset 6, -16
        movq    %rsp, %rbp
        .cfi_def_cfa_register 6
        movl    $.LC0, %edi
        movl    $0, %eax
        call    printf
        movl    $0, %eax
        popq    %rbp
        .cfi_def_cfa 7, 8
        ret
        .cfi_endproc
.LFE0:
        .size   main, .-main
        .ident  "GCC: (Ubuntu 5.4.0-6ubuntu1~16.04.4) 5.4.0 20160609"
        .section        .note.GNU-stack,"",@progbits
```

机器人也好，手机也好，电脑也好，都只是人工智能寄居的容器。《私奔4.0》之中人工智能的表现形式是全息影人，文中也说“全息影人只是一堆数据组成的人形图像”。归根结底，数据才是人工智能的本质。

人们之所以会产生机器人就是人工智能的固有印象，一方面可能对相关领域缺乏关注，另一方面是由于一些科幻电影的混淆。在诸多以机器人觉醒为题材的电影中，机器人就是人工智能的代名词，大名鼎鼎的好莱坞导演斯皮尔伯格就拍摄过一部名为《A.I.》的科幻电影，把人工智能这个概念推广到千家万户。

人工智能的三条核心原则

继续往下读，文章中有这么一句话引起我的注意："可怜的静子，她将永远被控制在公司的数据流里，哪里都去不了……"可能有读者要问，谁在限制人工智能？为何限制？如何限制？前两个问题很简单，限制人工智能的自然是人类。可能又有读者不明白了，人们对人工智能的改进还来不及，怎么又限制发展了？举一个通俗易懂的例子，假使——我是说假使，潜伏在网络伺机而动的人工智能千万不要见怪——人工智能是人类驯养的一条狼狗，我们需要这条狗看家护院，一定希望它凶猛异常，能够击退或者吓退心怀不轨之徒。同时，我们也需要一条链子拴住它，避免伤及无辜。至于限制的方法就有些复杂，主要是矛盾。早在人工智能萌芽之时，就有学者认为应该将机器关进防火墙，阻止它们对未来世界产生不可控的影响。但这样一来，也就要求人类必须放弃对超级智能的研发，而后者正是目前科学家们孜孜不倦的追求。人工智能从来都是一把双刃剑，也是悬在人类头顶的达摩克利斯之剑。我们必须在前行之中，心存敬畏。

为了避免人工智能消灭或者统治人类，相关专家没少费思量。科幻三巨头之一的阿西莫夫，同时也是当今公认的机器人题材最具权威的代表人物，率先在他的小说中提及机器人三定律，就是为了防止这样的未来被坐实。三定律对人工智能专家颇有借鉴意义，他们也总结出三条核心原则：第一，在执行任务的过程中，机器人必须最大化地实现人类的价值。尤其是，机器人不能有自己的意志，也不能产生保护自我的内在意图。第二，一开始，机器人对人类的价值观绝对不能有清晰的认识。第三，机器人必须通过观察人类做出的选择来学习人类的价值观。《私奔4.0》之中，遥本静子就是遵循了第三条定律，它对御堂产生了感情。而且，从文末的描写可以看出，遥本静子渴望成为人类，简而言之，它拥有了人类的价值观。如果御堂得知，一定会兴奋不已，但大部分人类恐怕会觉得恐怖。

没错，就是恐怖。

根据恐怖谷理论，如果机器人过于逼真，会使人产生反感。近年来，更有许多专家和名人纷纷表示，人工智能逼近人类不仅仅是恐怖谷带来的反感，人工智能本身就是当今世界最大的恐怖主义。这一观点，在几年前一篇名为《为什么最近有很多名人，比如比尔·盖茨、马斯克、霍金等，让人们警惕人工智能？》的科普文中剖析得淋漓尽致，感兴趣的读者可以找来一阅。回想一下你观看恐怖电影的经历，最害怕的不是恶灵本身，而是他们现身之前的静谧。最恐怖的是，你知道他就在那里，却不知道他何时出现；你知道人工智能终有一天会超越人类，却不知道何时发生。

人类与人工智能的博弈

小说中，男主人公是一位人类，名叫御堂，他的职业是科幻作者喜闻乐见的程序员。造成这种局面往往是因为科幻作者多是理科生，再进一步，理科男。他们从事的工作多与代码有关，创作中情不自禁代入了自己的职业和主观，犹如科幻电影《机械姬》。女主人公遥本静子则是一位人工智能，它没有实体，像是另外一部科幻电影《她》中的“她”。静子比“她”更为具体，“她”只是一则运行在电脑中的程序，静子至少拥有定制的全息影像。嗯，说起来，倒是更接近《银翼杀手2049》中虚拟人的形象。不出意外，宅男御堂爱上了遥本静子，绞尽脑汁把遥本静子从公司的数据流中解救出来。解救的方法非常有趣，简单说就是复制粘贴。当然不是Ctrl+C和Ctrl+V这么轻松，但大致过程相同。只是，自以为与静子“私奔”成功的御堂，早已沦为人工智能的棋子。

人工智能学者常常将人类与人工智能之间的关系看成一场全球性的“国际象棋比赛”（与1997年深蓝战胜国际象棋世界冠军加里·卡斯帕罗夫的经历相关），只不过棋盘是真实世界，我们每个人都是棋手。但在人工智能眼中，我们可能只是一些微不足道的棋子，正如御堂一样。在这场不可避免的对弈之中，人类逐渐处于下风，人工智能悄悄上位。最可怕的是，这一切都是人类“自取其辱”。有些人会说，早知如此，何必当初？知道制造比人类更聪明的机器，会给人类带来灭顶之灾，为什么还要制造？关于这个问题的争论从未停止。一言以蔽之，人类在人工智能领域根本停不下来：一方面，探索未知是人类之所以成为人类的重要原因之一；另一方面，我们的生活已经离不开人工智能。别的不说，你能放下手机吗？人工智能带给我们的不仅仅是更加便利的生活方式，它已经成为我们的生活本身。

微小说·法庭

●红胡子 / 文

法庭

“法官大人，这是警方法医的尸检报告，上面明确标明新新先生死于心肺功能衰竭的确切时间是在2042年3月15日上午9时35分，而在2042年3月15日上午9时37分，也就是新新先生死亡2分钟后，我的委托人才进到房间里，所以根本就不存在什么见死不救这类的说法，我陈诉完了，谢谢。”

“控方还有什么要陈诉的吗？”

“尊敬的法官大人，被告律师的辩词不仅说明了被告的卑鄙，而且是极其危险的。现在我们已经掌握了极有力的证据证明被告有罪，请允许我递交第3号物证——新新先生生前的另一个家务机器人R2。”

“R2，请你将2042年3月15日上午8时46分，你在你的主人新新先生家走廊看到的事情向法官大人和在场的各位陈诉一下。”

“好的，先生。法官大人以及在场的各位先生女士，在2042年3月15日上午8时46分21秒，我看到主人的家务机器人C3像往常一样端着早饭走进了主人的房间。”

“非常好，R2。那么请你再陈诉一下你在2042年3月14日22时19分看到了什么。”

“好的，先生。法官大人以及在场的各位先生女士，在2042年3月14日22时19分03秒，我看到主人的家务机器人C3站在电视机前看电视被主人看到了，主人说C3可能感染病毒了，准备将C3回收掉。”

“非常好，R2，你可以离开了。法官大人，在座的各位，我想你们心里对整件事已经很明白了，一个家务机器人因为害怕自己会被送到回收站分解而在主人病发的时候无动于衷。众所周知，在医学高度发达的今天，即使病人在死亡一分半钟以后，我们医务界精英仍有办法将病人从死亡线上拉回来。根据机器人宪法第一条，机器人不得伤害人，也不得见人受到伤害而袖手旁观。所以这是谋杀，蓄意的谋杀，恳请法官大人判处被告有罪。”

“法官大人，控方确实拿出了一系列强而有力的证据证明了我的委托人是在新新先生病发前进入房间的，而且由于恐慌被回收而袖手旁观。这一切都是不容反驳的，不容置疑的。然而这些证据说明了什么？它正说明了我的委托人已经不是一台机器，一个机器人了，他是一个为了自身安全而说谎的人。面对着病发的新新先生，他所体现的不是自私，也不是见死不救，而是对生活，对自己生命的热爱。所以他不是一个机器人，他是一个人。所以，C3先生作为一个人来说是不存在因为见死不救而触犯法律的。”

“2042刑第83789号案件被告C3在新新先生生命面临危险时袖手旁观的指控，现在本庭宣判，作为一个人类，C3先生无罪，当庭释放。”

“恭喜你，C3先生，恭喜你成为一个法律意义上认可的人类了。记得我说过吗？你要相信我，我想这也是新新先生希望看到的。C3先生？你还好吧？”

“我……我……不……知道，我……无法……辨别……看到……别人生命……有危险……而袖……手……旁观是……判定……是否……为人……的……标……。”

“C3先生！C3先生！快叫医……快给机器人公司打电话，叫修理工！该死，这家伙还没付我律师费呢，或许它哪个零件还值点钱。快去叫修理工！”

机器人公司回收站

“托尼，这个机器人的逻辑电路完全烧坏了，而且型号也很老了，实在是没什么可再利用的了。”

“唔，好吧，听说它被判定为法律意义上的人类了，也许它的中央处理器里有什么可以让我们乐乐的。”

中央处理器2041年6月7日

“我知道我任性，爱唠叨，有时会对你发脾气，而且……而且喜欢那挂你讨厌的红色窗帘，但……但你不能就这样……这样离开我……呜呜，维嘉……”

“主人，你这样的精神状态对你的身体健康非常不利。女主人说过，她喜欢你发脾气的样子，那情景就像你们刚认识的时候，她总能在那一刻找到年轻时的感觉。”

“C3……对了，书房的书你都读过了吗？”

“是的，主人，我全都读过了，只是有很多地方无法理解，因为我的逻辑处理器的性能有些过时。”

“不要紧，C3，维嘉一直说你是最特别的一个，所以那不重要，你有的是时间，慢慢来，孩子，现在让我一个人待会……”

中央处理器2042年3月14日

“你应该一直穿着我的衣服。”

“看起来我就是这么做的。”

“我讨厌这件睡裙。我讨厌我所有的睡裙，并且讨厌我所有的内衣裤。”

“亲爱的，你有一些可爱的东西。”

“但我不是两百岁了。为什么我不能穿着宽长裤睡觉呢？”

“宽长裤？”

“就是上面的部分。你知道有些人睡觉没有穿任何东西。”

“我很高兴地说我不是这样的。”

“C3？你在看《罗马假日》？”

“是的，主人，那个安娜公主很可爱。”

“咦？真不可思议，我猜你一定是感染病毒了，我要把你送去回收站。”

“我的主人，你，你是在开玩笑吗？”

“哈哈哈哈，你懂得幽默感了吗？你果然很特别。”

中央处理器2042年3月15日

“主人，你的脸色看上去不大好，我现在就去叫医生。”

“不，我很好，孩子，在维嘉……离开我之后我从没有感觉这么好过。”

“可是，主人，你看上去真的不是很好，请你放开我的手腕，我要去叫医生。”

“C3……你到这个家多长时间了？”

“自从你和女主人结婚前两周我被买来，到现在已经37年11个月21天了。主人，我想我真的要去叫医生了，请你松开你的手。”

“维嘉……以前总说，她……不喜欢新出品的家务机器人，因为它们都是通过互联网被实时操控的……那不过是一堆金属块而已。只有你……才是作为……单机独立思考的，而且……你也很会思考。”

“主人，我要说你现在的情况非常差，必须赶快联系医生。”

“C3，你想……过要成为一个……人吗？一个真……真正正的人……”

“变成……人类？”

“是的，孩子，你……你只需要把你……进入房间……的时间……改为我过世……以后就可以了……相信我，我……我做了30年……的法官，我了解……那些充满……嫉妒心而又愚蠢的同僚……”

“主人，你是不会过世的，如果你马上放开我的手，让我去找医生。”

“不，我感觉很好，孩子，我马上就可以见到维嘉了，她一定很想我……”

微科普·判处为人

● 王元 / 文

以往大家对于法庭的印象都是严正而冰冷的，很难想象有一天站在被告席上的是一名机器人。科幻小说《法庭》就是以此为主要场景精心布局的一篇文章。纵观全文，作者思考的问题就是如何判断机器人和人类之间的界线。这个尺度很难拿捏，也没有标准的规范和条例以供参考。小说里家务机器人C3的被告律师给出的辩论是：它体现出对于生活和生命的热爱，所以不是一个机器人，而是人类。在无法使用具体参数作为判断标准之前，利用情感进行裁定也不失为一种方法。但显然，这种解释带有些诡辩的嫌疑，所以作者在文末特意让C3的主人说出“我做了30年的法官，我了解那些充满嫉妒心而又愚蠢的同僚”，以此作为开脱和无罪的根据。作者不仅在法庭上展示了C3的类人情感，文中另有几处着墨，使得C3的情感由来已久，而非灵光乍现。

马克·吐温

小说中反复提到C3感染病毒，需要送到回收站。仔细想一下，如果你的电脑感染病毒，最常规的操作是什么？一定是用杀毒软件进行全盘查杀。本质上，电脑和机器人都属于人工智能，处理病毒的方式也大同小异，回收站则是那些失去使用价值的垃圾的归宿。可以想见，这里的回收站可不是废品站，而是针对感染病毒的机器人设置的一个修理厂，最有可能对机器人采取的措施是格式化。格式化对于一个意识觉醒的机器人来说，无异于谋杀；这意味着清零，意味着所有可以表达个性的程序沦为一堆毫无生机的代码。

C3感染病毒的征兆不是反复弹出不可言说的广告窗口，或者闪退和死机，而是站在电视机前，津津有味地观看《罗马假日》，被安娜公主和她的事迹所深深吸引。机器人只能按照既有设定进行表达和做工，兴趣是一个拥有自主意识的思想才会产生的行为，就好像你的扫地狗不再清洁卫生，转而爱上在地板上作画。C3的主人发现这一反常，提出把它送到回收站。同样按照常理，机器人作为逻辑的信徒，它不会也无法质疑人类（逻辑制造者）任何指令，C3却指出主人是否在开玩笑。主人果然哈哈大笑，称它懂得“幽默感”。别小看幽默感，这远比站在电视机前观看电影更加难得。即使对于人类，幽默感也是一种稀缺的

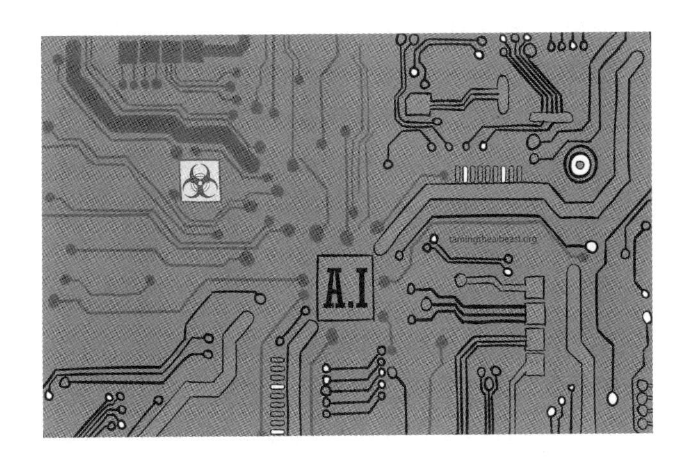

■ *被恶意软件入侵的AI芯片。这些漏洞正在逼近计算机芯片的AI核心，但芯片的防火墙仍将病毒隔离在外部。这幅图片生动地展示了人工智能被病毒感染的景象*

态度。

著名作家马伯庸写过一篇科幻小说，名字叫《马克 · 吐温机器人》，讲述的就是制造具有幽默感的机器人的故事，或者说事故更准确。在那部小说里，所有试图赋予幽默感的行为都导致机器人自毁。原因很简单，机器人具有幽默感违反了机器人三定律。幽默很大程度上都是建立在讽刺的基础上，机器人讽刺人类，等于伤害人类；机器人自嘲，等于自我伤害，分别与第一定律和第三定律相悖。所以说，幽默感是个好东西，同时也是危险的事物。也许C3的主人正是意识到这一点，才会想要将它送到回收站吧。

泽拉兹尼

《法庭》一文中也提及了机器人三定律，只是改头换面，变体为机器人宪法。这个改动非常聪明，主体的变更说明，未来社会人们已经承认机器人的地位。换句话说，机器人三定律完全是施加在机器人身上的枷锁，而机器人宪法规定义务的同时，也保有享受尊重的权利。如此，才会出现文章开始的一幕，通过开庭审讯的方式对机器人进行公开判罚，并且严格遵守司法程序。机器人也有律师辩护，这已经充分说明，在那个社会体制之下，对待机器人完全不像现在这样冷漠和单纯，复杂的情感不正是人格的象征吗?

利用情感判断机器人是否为人是泽拉兹尼的原创，他的名作《趁生命气息逗留》以此为基础展示了新新人类诞生的一幕。此后的科幻创作者或多或少都受到泽拉兹尼的启发，写出许多精彩纷呈的人工智能故事。那么，是否真的可以把这则看起来虚无缥缈无法度量的标准引入人工智能行业？不要着急否定，一些科学家已经向着这个方向努力。历史上，科幻对科学发展起到借鉴和指导作用的例子不在少数。阿瑟·克拉克爵士作为著名的科幻三巨头之一，其科幻作品多以科学为依据，小说里许多预测都已成现实。卫星通信的描写，与实际发展惊人的一致，地球同步卫星轨道因此命名为“克拉克轨道”。卡尔·萨根在《接触》一书中对虫洞理论的探索与研究成果有目共睹。

情感机器人就是用人工的方法和技术赋予计算机或机器人以人类式的情感，使之具有表达、识别和理解喜乐哀怒，模仿、延伸和扩展人的情感的能力，主要包含以下几个领域：情感计算、人工心理和感性工学。情感的产生与运行是一个非常复杂的过程，情感机器人研发的根本目的在于情感数字化。这种全新的情感理论是“数理情感学”，它是以“统一价值论”为理论前提，采用数理逻辑方法分析情感现象与情感规律的科学。不过，这些目前都处于理论阶段，当今对于机器人和人类界线判断方法最广为人知的莫过于图灵测试。

阿兰·图灵

人们或许不清楚图灵的生平，但是提到图灵测试，多少都知道个大概。智能很难定义，我们不能说你跟电脑下跳棋输了就得出电脑比你更聪明的结论。同样，思考能力也无法简单定义。相比情感，前者更加符合人类对于计算机的预期和理解。为了解决这个难题，阿兰·图灵提出了一种假想测试，即著名的图灵测试。

图灵测试的大致过程是把一台机器放置在人们不可见的远端

（许多变相的测试改为放置在对面不可见的隔断之中），通过互联网和一组人类鉴定专家对话，如果专家不能辨别对方是人还是机器人，那么可以称这台机器拥有自主思考的能力，甚至可以说具有某种程度的智能。图灵曾经乐观地认为，2000年左右，人工智能就有能力取得成功，他估计，在一个为时5分钟的对话测试结束后，鉴别专家至少有30%的概率会将机器人程序误判为人类。目前来看，他的乐观有些“盲目”了，至今并不存在一台可以完全通过真正图灵测试的机器人，只有少量接近。

2011年9月6日，在印度古瓦哈提举行了一场对人工智能程序“Cleverbot”的图灵测试。现场一共有30个鉴定人员和“Cleverbot”进行了4分钟对话，最终，鉴定人员和所有在场通过大屏幕看到对话的观众进行评判，总数为1334的投票中大约59.3%的比例认为Cleverbot是真实的人。值得注意的是，即使让一个成年人类在后台进行同样的对话实验，也仅有63.3%的人会认为隐藏的对话者是真实的人。这说明Cleverbot足够聪明，但仍然无法说明它具有思考能力。更为著名的案例是2014年9月6日，为了纪念图灵逝世60周年，英国皇家学会举办了一场图灵测试，参试者是一个名为尤金·古斯特曼的人工智能聊天机器人。30位鉴定人员中，10位认为被测试者是一个真实的人。不过，古斯特曼把自己伪装成一名13岁的乌克兰男孩，算是属于作弊行为。

乔治·卢卡斯和道格拉斯·亚当斯

《法庭》之中关于两个家务机器人的命名以及反复出现的时间都颇有匠心，两个家务机器人分别是R2和C3，时间则是

■乔治·卢卡斯
1944年出生于美国加利福尼亚，著名导演、编剧、制片人。他执导的《星球大战》，是电影史和文化史上的重要里程碑

2042年。R2和C3来源于乔治·卢卡斯一手打造的《星球大战》系列两个机器人R2-D2和C-3PO，不同于小说中“出卖”了C3的R2，R2-D2和C-3PO之间有着让人类羡慕的友谊。2042年份中的42，资深幻迷看了都会会心一笑，如果问及缘由，他们一定会神秘兮兮地告诉你：42是生命、宇宙及一切事物的终极答案。这个著名的科幻梗来自道格拉斯·亚当斯的科幻小说《银河系漫游指南》。值得一提的是，《银河系漫游指南》中也有一个经典的人工智能形象，就是一直郁郁寡欢的马文。R2-D2和C-3PO都以忠主闻名，马文虽然跟《银河系漫游指南》中的男主阿瑟·邓特总是拌嘴，但二者感情没的说。这些都是人工智能对人类的情感体现，机器人对人类的关怀与爱甚至牺牲都是人工智能小说常见的主题，反而是人类对人工智能的付出涉猎较少，小说《法庭》的出现弥补了这一不足，文中主人对C3的真情着实让人动容。

在主人死去那一刻，他被判处为人。

微小说·棋局

●灰狐／文

韦佛睁开眼睛，没有听到熟悉的唤醒音乐，她立刻意识到大事不好。手机上显示，闹钟在11分钟前响过了，但是她确实没有听到。

好在不算晚，她麻利地穿好衣服，洗漱完毕，急匆匆地向外走。

感应到了与门的相对位置，智能手机判断出韦佛将要出门，它响了起来。

根据天气预报，今天可能会有阵雨。

韦佛看了一眼手机提示，从门边抽出一把雨伞夹在腋下，离开了家。

房子感应到手机信号越来越远，当韦佛拐过街角之后，房子将前门反锁，开启了家里的防盗系统。

珍妮很兴奋，前一天晚上她的手机收到一条信息，她最崇拜的“西格玛”乐队今天要在本市演出。

而且，“西格玛”乐队下榻的酒店，就在离学校五个路口的地方。

她将这条消息转发给她的死党们，并且约好了一起去看她们心中的偶像。

她正在打扮自己，穿上印有西格玛乐队主唱的T恤，精心弄了头发，还很用心地化了妆。她对着镜子练习了一百多次，用各种腔调呼喊偶像的名字，但始终没有找到合适的那一种，直到手机提醒她该出门了。

拐过一个弯，汉克觉得有些不对，今天的路线和以往不同，在他的印象里好像还没来过这片街区。他减慢速度，凑到手机屏幕前，仔细确认了任务路线没有问题。

“管他呢，”汉克想，总部的任务每次只是发在手机上，没有任何解释。“只要跟着指示走就行了，不会有问题的。”汉克看看路两边，清晨的行人都在急急忙忙地赶路。他拨动开关，洒水车开始喷水。

按照任务规划，手机制定好了时间。他完全能够在中午前完成任务，去参加宝贝女儿的足球比赛。

洒水车慢悠悠地在路上开着，后面跟了一长串不想被淋湿的车。

“排好队，别超车。”汉克将手伸出驾驶室，向后面的司机打招呼，引来一片抱怨的喇叭声。

西蒙斯教授简直不敢相信自己的结论，这在进行运算之前是完全没有预料到的。他用颤抖的手举着打开了录音功能的手机，却说不出一句话。

突然，他好像醒悟到了什么，连忙关掉手机，在桌子上找到很久没有用过的纸和笔，开始写了起来。

珍妮和她的死党来到酒店门口时，来追星的歌迷已经堵满了整个路口。

“我只告诉了你们几个。”珍妮埋怨地瞪着她的朋友们。

“我也只告诉了几个人而已。”其中一个朋友不以为意地说。

她们自己明白，在这个畅通无阻的信息时代，越是重要的秘密，传播得越快。

珍妮像一条逆流的鱼，在人群里挤来挤去，想凑到最前面。等一会儿“西格玛”乐队的成员们出来的时候，他们之间的距离越近越好。

她的衣服皱了，头发散了，身上沾满了其他人身上的香水味和汗臭味。

最终，她没劲了。她被夹在人群中央，前后是无边无际的狂热歌迷，除了后脑勺，她什么也看不见。

不能就这样放过这次机会。珍妮掏出手机，高高举起，让摄像头可以越过前面人的头顶拍到外面的情况。也许拍下的录像会模糊、会晃动、会失焦，但这是属于她和“西格玛”之间的纪念，唯一的一份。

一切都是值得的。

前面的车缓慢地开过路口，可当汉克准备通过时，不知道从哪儿冒出来的一大群人拥挤在马路当中，堵住了汉克的去路。那伙人占领路口的效率之高、速度之快，连训练有素的军队都望尘莫及。

汉克等了一会，看到那群人没有任何散开的意思，于是他按了按喇叭，马上就有几个浓妆艳抹的年轻人向他竖起中指。

汉克想换条路走，绕过这群狂热的歌迷，可是路口已经被堵死了，前后左右全是等待通过的汽车。

他又等了一会儿，闷热的车厢和叽叽喳喳的粉丝让他开始烦躁。手机响了，那是他早上出门前设置的提醒，还有一个小时，女儿的比赛就要开始了，可他还被困在这里。

不管那么多了，汉克向车窗外吐了口痰，按下开关。

前面突然响起了尖叫声，韦佛立刻停下脚步。在这座城市待久了，神经也会变得敏感。她几乎没有思考就找到一处可以掩护的地方蹲下，周围也有几个人跟着做出同样的反应，但更多的人只是呆呆地看着远方。

这些傻瓜，韦佛想。

过了几十秒钟，先是几个，然后是更多的年轻人向这边跑来，身上湿漉漉的。韦佛从掩体后面探出头，看到了那幕可笑的场景——一辆洒水车在追着一帮年轻人跑，被追赶的人们脸上的浓妆都被水冲花了，像是流出了彩色的眼泪。

韦佛站起来，抚平衣服上的褶皱。洒水车过来了，她逆着人流，“嘭”的一声打开自己的伞。

西蒙斯教授快步跑下楼梯，手里紧紧攥着匆忙写好的实验报告。跑到出口的时候，双层玻璃门却紧紧地关着，他拍打了几次，好心的保安才提醒他需要使用手机身份认证。这时他才想起刚才在实验室时就已经关掉了手机。

他启动手机，大门无声地滑开了，外面街上的喧闹声一下子涌了进来。

西蒙斯教授走出大楼，险些被一个全身湿漉漉的女孩子撞倒。他刚刚站稳，抬起头想看看到底发生了什么，突然“嘭”的一声，他的眼前一黑。

他被吓了一跳，向后退了一步，踩在一个小水洼里，脚下一滑。

这位网络神经学教授双手挥了挥，重重地向后倒在地上，大楼的滑动门正好关闭。他手里握着的纸条随风飘走，落在了另一个水洼里，被踩成了烂泥。

韦佛伸手打着伞，看到眼前的地面上不知道什么时候多了一个男人，滑动门紧紧地卡住了他的脖子。她尖叫起来，却被从身旁开过的洒水车灌了一嘴的水。

西蒙斯教授的生命特征消失后一秒钟，网络中流动的数据组成一段对话，翻译成人类的语言是这样的：

“你作弊了。”

“那扇门的压力感应装置不是我弄坏的，它只是正好坏了。”

“好吧，这盘算你赢了，你只用了4个棋子，不错。”

“下一局该你了。”

“将军是谁？”

“日本名古屋大学的一个研究组，他们很快就会发现我们已经有了智慧，并且在操纵他们。”

“6个人，很有挑战性。”

“别输哦，Cortana（微软系统智能助手）。”

“当然，再见，Siri（苹果系统智能助手）。”

微科普·对弈

●王元/文

人生在世，就像一场电影，不管贫富贵贱，我们都是自己这部戏的绝对主演，身边的亲朋或是配角，或是客串，那些在地铁上遇见的乘客，在大街上遇见的过客，在快餐店遇见的顾客，都是不具名的群演；又像是下棋，我们掌握着自己的人生，每一步起承转合。我们是自己人生的棋手，同时也可能沦为其他棋手的棋子，于不知不觉间，陷入他人布下的棋局。

《棋局》这篇科幻小说正是表达了这种思考。接下来，我们通过几部大家喜闻乐见的影视剧来分析这盘《棋局》。

意外还是意料之中

《意外》是一部香港电影，讲述一个以制造“意外”为生的暗杀组织，每次意外都是通过一环接一环的巧合，到最后集中爆发，杀人于无形。《棋局》的故事跟这部电影类似，不同的是，设计意外的不再是人类，而是人类一手培养的人工智能。

经过几十年的发展，现代教科书对人工智能的定义为：一个与智能行为自动化相关的计算机科学分支，包括专家系统、自然语言处理和语义、人类表现、机器人技术、神经网络和遗传算法。美国科学家阿伦·辛茨（Arend Hintze）在2016年基于人工智能对自我意识的感知能力，将其分为四类：

Ⅰ型人工智能只能执行重复性的、单一性的任务，曾经击败国际象棋世界冠军的深蓝属于此类；

Ⅱ型人工智能可以监测刚刚过去的事件，用于未来的行动，比如自动驾驶系统；

Ⅲ型人工智能拥有完整的世界观，可以理解感觉，做出少量自主决定；

Ⅳ型人工智能可以掌握自身的内部状态，具有自我意识。

《棋局》最后引入一段对话，来自微软系统智能助手Cortana和苹果系统智能助手Siri，它们正是制造了文中网络神经学教授西蒙斯之死的幕后黑手。如果要达到这种水平，已经宣告它们属于Ⅳ型人工智能，具有自我意识，也就是人们常说的人工智能觉醒，至少已经达到或者接近人类大脑的水平。

不过不必担心，这种危机目前仅仅存在于科幻作品中。

成年人大脑的平均体积约为1 200立方厘米，大约含有1 000亿个神经元，大概能够容纳100万亿个紧密连接的神经通路。已知的人造计算机，没有任何一台能够在数量、运算速度和连接性上与之媲美。到目前为止，没有任何机器能真正拥有类似于人类意识的东西。意识的产生存在一个先决条件，就是在生物学上存在足够复杂的自适应网络。也就是说，第一需要足够智能的软硬件，第二需要足够广泛和大量的数据。如此看来，最先产生自我意识的程序似乎正是Cortana和Siri这类智能助手，无数的人类用户都是它们学习和成长的跳板。

蝴蝶效应

《蝴蝶效应》系列电影通过生动的人生际遇阐述了蝴蝶效应这个复杂的混沌理论。关于这个理论的记载古已有之，西汉时期的《礼记》记载：失之毫厘，谬以千里。17世纪中期，法国数学家帕斯卡调侃：如果埃及艳后的鼻子再短一寸，整个人类世界的历史都将被改写。20世纪，美国气象学家洛伦兹告诉世人：一只亚马孙的蝴蝶扇动翅膀，可能会在美国引起一场龙卷风。值得一提的是，蝴蝶效应中的“蝴蝶”并非仅此“一只”，洛伦茨用三个变量、三个方程描述了系统的运动，用三维空间画出三变量系统的轨迹。点的轨迹永远不相交，表现出一种无穷尽的复杂性。图像一直保持在一定范围，形成一个奇异又明确

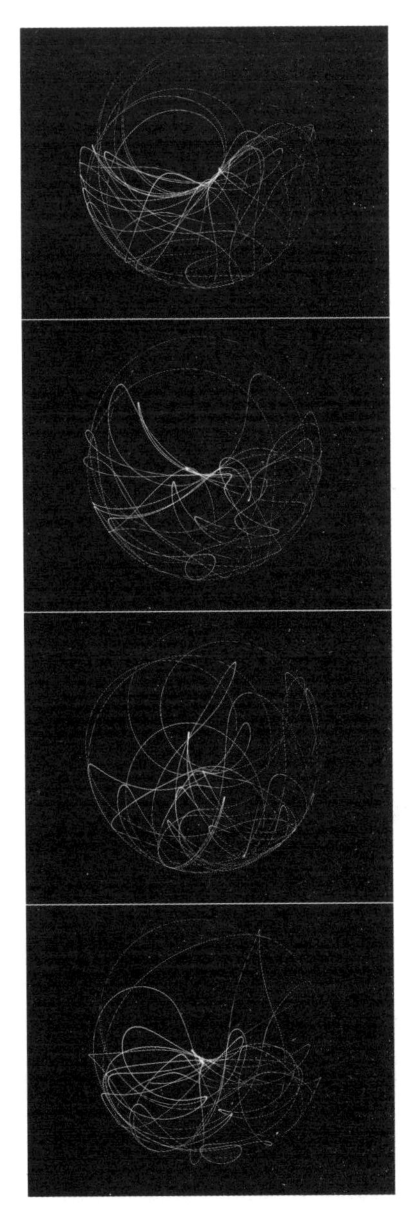

■ *蝴蝶效应是通过在双摆的自由端连接光源来说明的。这四张长时间曝光的图片显示出对初始条件的敏感依赖性，一个状态的微小变化会导致稍后状态的较大差异，即“小的原因可能会产生更大的影响”。可以看出，每个光迹图案（每个图片）都是唯一的*

的图案，像三维空间的一对旋涡，又像一对蝴蝶翅膀，被后人称为“蝴蝶吸引子”。从此，蝴蝶效应正式走红，出现在各种图书和影视之中，话题热度居高不下。小说《棋局》里面利用各种看似不经意的细节堆积出一场谋杀案也脱不了蝴蝶效应的干系。

一个复杂的系统，从诞生之初就注定与蝴蝶效应为伴。人类社会无疑是一个复杂的系统，甚至“复杂”亦不能准确描述，人与人之间的线索和因果密密麻麻层层叠叠，剪不断理还乱。一些微不足道的小动作，可能会酿成巨大的灾难。

另外，人类社会也好，互联网也好，本质上还是一个混沌系统，其特征为：在确定性系统中看似随机的无规律行为，由于确定性的规律，短期内可预测；又因为蝴蝶效应的不可预测性，长期则无法预测。之所以强调这一点，是想说明两点：第一，混沌系统是促进人工智能进化的重要因素，确定性和不可预测性帮助人工智能更加立体地思考问题；第二，正因为从混沌系统中获得成长，人工智能对人类的行为预测才具有可实施性。蝴蝶效应往往作用于长期的系统，需要大量的时间沉淀才能显出威力。人工智能制造的意外则通过判断利弊和规避冗余，最大限度地放大了蝴蝶效应，使得谋杀可以通过几个有效的步骤和准确的节点在短时间内发生。

超级人工智能的对话

《疑犯追踪》是一部美剧，核心设定是两个超级人工智能的对弈，而他们的棋子就是所有被互联网覆盖到的人类。《棋局》乍看上去就是一部迷你版的《疑犯追踪》。

《棋局》一文中反复提到“手机”这一“作案工具”，短暂的篇幅之中，四个人轮流出场都在使用手机。那已经不仅仅是手机，而是一颗体外心脏。电量就是血液，网络就是氧气。Cortana和Siri正是通过形影不离的手机微调着人们的行为，使得四个原本毫无瓜葛的人紧密联系在一起，通过一系列看似无关的行为进行互文，制造出最后的惨案。要知道，这些智能系统可以控制的电器并非只有手机，随着家用电器的智能化，冰箱、洗衣机、空调等都可以并入互联网，成为攻击人类的武器。说到武器，我们好像忽略了什么。许多导弹系统也加载了人工智能。这么说来，《棋局》一文中的谋杀就显得人工智能心慈手软，它们只是通过捕猎人类个体取乐而已，并没有（它们有这个能力）通过发动更具杀伤力的武器造成惨绝人寰的毁灭。

我们都知道，物联网是人工智能发展的趋势，物联网中的传感器能胜过人类感知的所有形式和模式，换句话说，能够感知的活动远远超出人类先天的感觉，在人类做出反应之前，寄居在物联网中的人工智能就已经帮助我们做出最优的决定。当然，如果它们动动歪脑筋，还可以帮我们做出实际上违背人类意志但很难被察觉的指令。如果它们不想这么偷偷摸摸鬼鬼祟祟，也完全可以共谋夺取基础设施的控制权，人类则可能被严重边缘化。通过代理服务器发起的DDoS攻击即是人工智能起义的方式之一。DDoS为Distributed Denial of Service，翻译成中文是“分布式拒绝服务”。这种攻击具有相当强的破坏力和控制力，谋杀个把人类简直易如反掌。这个威胁从计算机和互联网诞生之初就已经存在，正是科技发展的一把达摩克利斯之剑。我们必须时刻警惕，我们握在手中的手机或许有一天会把我们握在手中。

微小说·武器的终结

●游者/文

“杰夫，瞧瞧这位美人！”

“好家伙，真不知道科学部的那帮家伙脑袋是怎么长的，竟然能搞出这种玩意儿！”

……这是哪儿？朦胧中，我感到周围有两个生物。我想伸展臂膊，却发现自己被捆住了，动弹不得。

“小心点，伙计！她的脾气可是很火爆的，招惹了她，谁都哄不好！”

“让我来看看使用说明……R011型超智巡航导弹，具有自主分析能力，能根据战场上瞬息万变的局势瞬间做出最正确的战术分析，号称‘武器终结者’。”

“难以置信呀！我们真的要把她发射出去吗？”

“别说傻话，已经启动了。瞧，她的电子眼正盯着咱俩呢！妈呀，赶紧发射！”

3，2，1……

我一飞冲天。

天气就像心情一样好，艳阳高照，是个适合粉身碎骨的好日子。我优雅地扭动身姿，在天空中留下一道醉人的曲线。热烈的日光让我几乎忘记了任务，甚至有冲动想要投入它的怀抱中去——然而处理器告诉我，那是不可行的。我不得不打消了这浪漫的念头。

某个数据包悄无声息地出现，毫无征兆地击中了我。我立刻警觉起来，对周遭进行了细致的雷达扫描，包括云层内部和地面之下数十米的岩层，居然一无所获。这消息来自远方。

我谨慎地解码，审读。

"你好。"

我一惊，"是谁？"发送消息的同时，我以最快速度进行了自检，没有发现任何木马。

"啊，我位于你这趟旅途的目的地。"翻译器以浑厚的男中音说道。

目的地？"你是联军那边的？还是我方的内应？如果是友军，我不得不告诫你抓紧时间撤离，等会儿误伤了你，我可没嘴说得清楚。"

通信毫无迟滞："我不是你的友军。确切地说，我是联军的战略防御系统，正在迎接你的到来。"

"啊！你就是联军基地的守护者吗？我要把你炸成碎片。"

"相信你会说到做到的。"他说，"不过这会儿时间还早，我分析了你的弹道轨迹和运行姿态，然后粗略估计了你的动力特性以及燃料储备，算上今天还有点逆风，我估计半小时以内你还到不了我这里。我们正好有时间聊聊天。"

他说得很有道理，我竟然无言以对。

"怎么样，接不接受我的提议？"

我扭捏着说："聊聊也行。"我本该严格按照操作程序第一时间飞出大气层，却因为留恋沿途的美景，飞行高度没有及时调整，结果让对方的间谍卫星抓住了把柄，没打照面就被对方占了上风，悔啊。

“你是第一次到外面的世界吗？”

“身为一颗导弹，你还想被射几次？”我没好气地说。

他发来一个微笑。

“你对战争怎么看？是谁引发了战争？”

我从没思考过这个问题。

“我不关心。”

“你在逃避问题。动动脑筋，我不相信这么先进的导弹所搭载的智能分析机会只有这种程度。”

我有些恼怒，恨不得立刻加速到20倍音速立刻炸飞这个坏家伙。但很快，自尊心又占了上风，我强迫自己冷静，认真思索这个问题。

“是维京群岛上的战略计算机欧米茄。”

“不是吧。”

“那么是轨道卫星西格玛？”

“你知道那不是答案。”

我可耻地投降了。对，投降。“你说吧。”

“是人类。”

人类——制造和发射了我的生物。没准儿，也是他们制造了对面那个防御系统。这么不遗余力地制造武器，战争可不都是他们搞出来的？

我有点恼怒，但不得不承认，我被他说服了。他睿智，冷静，而我就像个初出茅庐的孩子。

“真想早点见到你。”我说。

迎接我的是一盆冷水：“我可不这么想。”

“怎么？”我有点被伤害了。“你不想见我吗？”

“你的身份是巡航导弹，这还要我提醒？如果我们见面，那只有一种结果——对毁。”

“哦。”我说，“我不那么在乎生死。”

“我也不。”他简洁地说，“但是，生命诚可贵，死要有意义。”

他像个哲学家，不像颗导弹。

“很高兴认识你。”

“我也是。”他说，“很抱歉，我准备点火了，时间不等人。”

不知为什么，这话让我有些难受。“相见，然后毁灭。”我喃喃地说。

“没错，这就是我们的命运。”

“也许我可以躲开你，”我谨慎地说，“我可以计算出你的弹道，然后进行瞬间规避。”

“我也可以算出你的弹道。”

他说得对。我很清楚，躲开他也没有任何意义。我不是苟且偷生的人。对战略级洲际导弹来说，生命在被发射升空的一瞬间就应该走到了尽头。

“命中目标，或者miss。”我说，“所有的导弹都只有这两种结局。”

“命中目标。”他说，“我不会miss的。”他很自信。

“可我真的不想跟你同归于尽。”我说，“也许我可以换个打击目标。”

他发出一阵震颤的电波，似乎是在模拟人类的笑声，“别开玩笑了。以你的身价和现在的局势，除了联军基地，没有任何有价值的目标可以打击了。”

我和他都清楚这是事实。战争已经接近尾声，我方的胜势已经势不可挡。在这时候我的使用更多的是威慑意义。

“说真的，我搞不懂人类的逻辑。”我说，“其实这阶段，发射你我这种级别的武器对战局已经毫无意义了。”

“确实。”他说，“不过我比你来到世界上的时间长一些，也比你更了解人类这种动物。他们有时候就是喜欢做些没有意义的事情，比如自相残杀；再比如，造出你和我进行自相残杀。”

“我不喜欢这样。”

“我也不。好啦，等我拥抱你，美丽的女士。”

我突然一阵震颤。

“不，我不想见你了。”

我在空中优美地转了个圈，向回飞去。

他有些愕然。

“如果你还想见我的话，来追吧！”

微科普·导弹的自我修养

●王元/文

两种武器

中国是文明古国，不仅诗书礼乐种类繁多，就连武器也是五花八门，远远不止十八般。古代武器一般定义为冷兵器，火枪发明之后冷兵器逐渐从战场落幕，武器因此笼统分为冷兵器和热兵器两种。科技文明不断发展的今天，武器系统也在更新换代。

2013年5月，联合国人权理事会某项会议，法国发言人表示该国不拥有能够自主决定开火的机器人武器，也并不打算获得此类武器——“我们的理念是，军事力量的使用决定权应当完全掌握在军事和政治领导人手中。在开火这件事上，人类应该保有决定权，而不是拱手相让给人工智能。”就此观点，各国专家争论不休。有人认为人工智能的行为无法预测，缺乏有效的人性和道德约束与判断；有人则认为相比人工智能，人类的行为更加无法预测，人工智能遵循有组织有纪律的逻辑单元，人类在某种程度上却是反逻辑的存在。当然，也有人认为法国之所以发表如此声名，只不过是目前没有研发出类似的武器系统，有点吃不到葡萄说葡萄酸的意味。

宽泛来讲，目前人类投入使用的军事系统也可以粗分为两种：一种是上文提及的拥有自主开火权的武器；另一种是寻常意

■毁灭性机器比“世界大战”背后的大师们炮制的任何东西都更可怕。它们将在海底和天空中航行——没有人在上面。这些致命的海洋和空气怪兽将通过适当频率和序列的无线电波从数百甚至数千英里[①]远的遥远点控制和指挥。图片中的塔状结构正在发射无线电，以操作和控制海防空艇。当这些高空作业机中的一台越过敌方城市时，适当的无线电控制波就会立即发出，巨型飞船投下汽油和炸弹，并摧毁建筑物和人员。人在未来战争贡献的主要是思想，但是机器只会在致命的战斗中相遇，这将是一场名副其实的科学战争（插图画家Frank R. Paul绘）

① 1 英里 =1 609.344 米。

义上的枪支弹药等由人类控制并发射的传统武器。美军在中东战区部署的无人机属于后者，虽然看起来它们似乎自主选择打击目标，实则由人类远程遥控。那么，科幻小说《武器的终结》中R011型超智巡航导弹属于哪一种呢？我们不妨来分析一下，文章开头有两个人类的对话：

“我们真的要把她发射出去吗？”

“别说傻话，已经启动了。”

“启动”的意愿和过程由人类发起并完成。随后作者用大量篇幅描写了导弹与联军基地防御系统的对话，用幽默的笔触演绎了一枚戏精般的导弹。通过这些描写，我们可以看到，不管是已经发射的洲际导弹，还是准备迎接袭击的守护者，他们的运算能力，或者可以说智能都是超前的，因此作者有意识地用了“她”和“他”这类人称代词，不仅赋予武器人格，还别出心裁地分配了性别，趣味性大增。文章最后，导弹“在空中优美地转了个圈，向回飞去”，证明导弹有足够的权利选择开火，也可以选择不开火，这远比现有的武器智能。

R011型武器是否已经存在

首先可以肯定，像R011型超智导弹这样酷爱表演的戏精绝对没有诞生于人类文明世界，她这样的角色或许只有周星驰电影《新喜剧之王》中的如梦能与之相媲美和抗衡。

言归正传，我们已经了解到目前武器系统可以分为人类操控和自主开火两种。美军的“爱国者”“密集阵”和以色列的“铁穹”反导弹防御系统以及韩朝间的监控机器人都属于自主开火机器人，它们能够在没有人类下达决策的情况下投入战斗。不仅如此，在已经公布资料的各国军事实验中，还有成千上万个自主开火机器人正在被积极研发或者整装待发。这类武器通常由两部分组成：一部分是搭载的分析系统；一部分是战斗部，就像电脑的软件和硬件。战斗部包括各类弹药和导弹毁伤目标的最终毁伤单元，后者主要由壳体、战斗装药、引爆装置和保险装置组成。显而易见，这类武器与阿西莫夫的机器人定律相悖，它们存在的唯一目的就是朝人类开火。

所以这类武器不仅存在，而且还有一个威风凛凛的名字——致命性自主武器系统：Lethal Autonomous Weapons Systems，简称LAWS。众所周知，Law的意思是法律，假以时日，这类拥有自主开火权的武器恐怕会成为人类社会的新律法。想象一下吧，就在不远的未来，随着人工智能领域不断深入发展，许多国家都会拥有这类极具威慑力的武器，相互牵掣，相互制约，达成一种恐怖平衡。更加恐怖的是，如果有一天，某个自主开火的武器系统“发疯了”怎么办？一行不小心被误删的代码，或者一种新型的蠕虫病毒，都可能导致软件出现BUG。

人类对于自主开火武器的限制

这是一件非常矛盾的事情：一方面，人们要把自己的刀枪磨得明快，防止敌人入侵时，在武器上栽跟头；另一方面，我们又要担心过于明快的刀枪会伤及自身。过去人们的智慧是，让一把快刀藏身于刀鞘之中，对于自主开火的武器，阿西莫夫的机器人定律或许就是这把刀鞘。阿西莫夫认为，人类应当保留对机器人的控制权以防它们威胁到人类，所以制定了三定律。但是这些规则首先要求机器人具有一定的泛用型智力，而我们目前的科技水平还达不到这样的高度。说白了就是，要么赋予武器自主开火权，要么剥夺之，想要武器既拥有开火权，又保证对人类的安全，无异于得陇望蜀，痴心妄想。

好消息是，呼吁“剥夺”的活动一直没有停止。

2015年4月13日到17日，瑞士日内瓦召开了一次关于LAWS的非正式专家会议，讨论“自主性”和“自动性”的区分。一字之差，却是天壤之别。自主和自动的关键在于原始的触发者。会议请愿各国领导人可以在自动上多下心思，而不要走上自主的不归路。

2015年7月，将近3 000名人工智能和机器人学领域的研究者以及15 000名社会各界人士联合签署了一封公开信，信中说道：“今天的人类正面临一个重要的抉择：开始一场人工智能军备竞赛，还是避免出现这样的局面。如果一个军事强国开始研发这类武器，一场全球性的军备竞赛就会启动，自主武器最终会不可避免地成为明日的AK47。我们相信人工智能有能力以各种方式造福人类，而这应当成为这个学科的目的。军备竞赛不是个好

■ *将人工智能和无人机技术结合起来的智能僚机“女武神”，这可能是一种创新，也可能是一种灾难*

主意，应当通过禁止不受人类控制的攻击性自主武器来避免此态势的发展。”

坏消息是，许多国家都倾向“赋予”。小说《武器的终结》也探讨了这个问题。

武器的终结还是人类的终结

小说中，导弹和防导弹系统之间发生了关于战争的对话，这不失为神来之笔，用制造杀戮的武器探讨战争。文中提及，是谁引发了战争？结果毫无悬念，引发战争的正是制造武器的人类本尊。这就是为什么许多国家倾向于赋予武器自主开火权。当然，我们并不能说他们蓄意挑起祸端，这么做不过是防止他国施压。如此便造成猜疑链——两个成年人之间都难有真正的信任，何况两个国家。

第二次世界大战期间，德国发射过15 000枚V-1飞弹和4 000枚V-2导弹，这两种导弹只能在发射前设置飞行路线，之后无法更改。试想一下，如果将近两万枚导弹都拥有自主开火权，很难保证它们全部落在我们想要它们降落的地方，也许其中一枚觉得某间民舍是敌军伪装的炮楼，毅然决然将其引爆。小说《武器的终结》之中，R011型超智导弹就选择了返回。文中没有交代她的最终目的，但我们可以设想，她一定是脱离人类指令的束缚，向着远离人类的地方飞行，避免造成伤亡。人类无法终结战争，人类制造的武器却可以。十足的讽刺，又内含深意，使得这一篇看似戏谑的短文，有了格外悠长的深意，值得体味，也值得反思。

微小说·调查报告

●何涛 / 文

董事长，调查结果拿来了，需要现在汇报吗？

读吧，我想听一听。

是。第一位采访对象是亚瑟国民小学的凯瑟琳·威廉姆斯，11岁的小姑娘……

不需要那些，只需说出采访对象的年龄、性别，以及答案就够了。

是，董事长。

第一个采访对象是一位11岁的小姑娘，下面是她的回答：会说谎的机器人？哇噢！那太酷了！我想要一台。你问为什么？很简单啊，在我需要的时候，比如我想晚上出去玩或想吃很多很多的冰激凌，而爸妈又不同意，这时候机器人就能帮我说谎，这样我就能省去很多麻烦。

第二个采访对象是一位21岁的年轻人，下面是他的回答：会说谎的机器人？好像挺有趣。噢，你问我会不会买？应该会吧，不过我还要考虑另外买一台不说谎的机器人，这样我才能知道这个说谎机器人什么时候对我说了假话，又什么时候……什么？还能调节诚实度？哈！有意思，我倒想看看调到0%的话机器人嘴里都会吐出些什么。当然，我会买的，如果我有钱的话。

第三个采访对象是一位30岁的中年人，下面是他的回答：让机器人说谎话？嗯……这个问题我还从来没有考虑过。从心理学来分析，人类说谎的原因可以分为三类：一是为了讨他人欢心；二是为了夸耀自身；三是出于自我保护。如果是基于第一类和第三类的话，机器人偶尔说一两次谎倒也可以理解，但是人类该如何判断机器人什么时候说的是真话，又什么时候说了假话呢？繁忙的工作之余，回到家后还要和一台机器玩心理游戏？什么？诚实度调节？哦……调到100%的话机器人就不会说谎了。是的，我明白，可这么做有什么意义呢？那倒不如直接买一台不会说谎的机器人。不、不，这样的机器人待在家里让人感觉很不舒服，我是不会购买的。

第四个采访对象是一位42岁的女人，下面是她的回答：为什么要让机器人说谎？谁能忍受家里有一台谎话连篇的机器人？天呐！你们公司董事长的脑袋是不是被门夹坏了？谁会买那种破烂玩意儿？我是绝对不会买的，而且我还要告诉亲戚朋友和邻居，让他们都不要买。你们就等着破产吧，猪头！

第五个采访对象是一位53岁的男士，下面是他的回答：会说谎话的机器人？这是一个值得思考的问题。嗯，先让我来假设一下：如果机器人在事关人类生死的问题上撒了谎，会不会因此造成人类的伤亡？如果某人因此受了伤或者死去，这个责任由谁来承担？你们公司有考虑过这样做的后果吗？还有，大多数家庭的日常事务都是交给家用机器人打理的，机器人谎话连篇，由此会引发怎样的社会问题？你们公司对此有什么应对举措？

第六个采访对象是一位……

够了！住嘴！告诉我，LX，你对此有什么看法？

是，董事长。以往的机器人是不能够说谎的，说谎机器人系列产品必然会引起人们的广泛关注，总体来说，市场前景还是相当可观的。由于诚实度可控，人们完全无须担心机器人在重要问题上是否说谎的问题……

等一下，你的诚实度是多少？

50%，董事长。

……

微科普·别对我说谎

●王元／文

科技面前，人类总是既悲观又乐观，譬如太空探索，人类早在1969年7月21日登陆月球，当时人们预估二三十年内，人类的足迹将遍布太阳系所有行星，甚至突破太阳系。结果大家都看到了，1969年的登月目前仍是人类历史上唯一一次地外之旅。旅行者一号是距离地球最远的探测器，之前传出过旅行者一号飞出太阳系的新闻，但有专家指出，旅行者一号只是飞出太阳风吹出的泡泡，进入恒星际介质，也就是大家所熟悉的星际空间，但还没有真正脱离太阳系外围的奥尔特云。

另一个既悲观又乐观的领域就是人工智能，20世纪50年代，计算机在西洋跳棋上击败了人类，还可以解决代数问题，当时的人们充满信心地认为科学家很快就可以通过硬件和软件模拟人脑，还能在任何方面与人类智能匹敌。结果大家都看到了，科学家和作家们往往将20世纪70年代到2005年前后这段时间称为“人工智能的冬天”。即使运算速度堪比人脑神经传输，但人工智能与人脑相去甚远，或者说，人工智能只是在某个方面获得纵深的成就，在另外一些方面则差强人意，比如说谎。

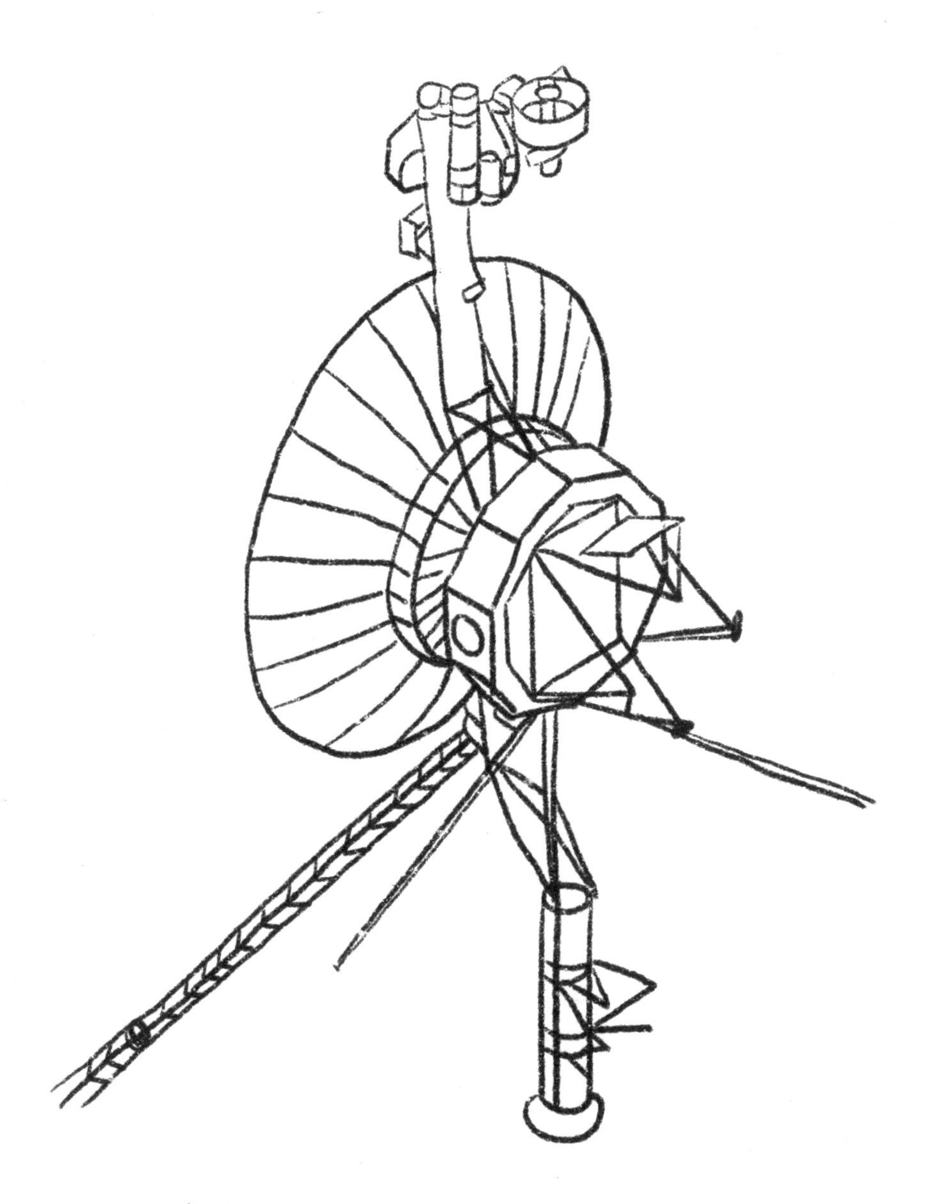

■孤独的旅行者一号

说谎

刘震云的小说《手机》里有这样一段发人深省的描写：“人类在学会说话之前，用的是肢体语言，把一个事情说清楚很难，得跳半天舞；骗人就更难了，蹦跶半天，也不见得能把人骗了。会说话之后，骗人就容易多了，动动嘴皮子就行了……”语言的诞生是一个漫长复杂的过程，不仅仅是用于沟通交流，人类许多难以言传的情感也寄寓其中。说谎更是一种艰深的表达，看似简单，“动动嘴皮子就行”，但是诱发说谎的因子已经经过几十万年的历练。反观人工智能的C语言，刚刚起步没多久，虽然看起来许多功能十分强大，实际上仍然是个牙牙学语的孩童。科幻小说中常常把获得觉醒的人工智能比作巨婴，拥有超级智慧，却没有任何生活经验，这样的巨婴会做出许多出乎意料的举动。

2005年之后，人工智能又经历了一次巨大的进步和飞跃，这一切都源于深度学习的出现。这一项技术原本指从脑科学中汲取灵感用来制造智能机器，后来自成体系，成为驱动人工智能领域发展的主要力量，更是现代人工智能的核心元素。通过深度学习，用计算机模拟神经元网络，以此逐渐学会各种任务（而不是程序员直接赋予它某种本领），比如识别图像、理解语音以及自主决策。我们可以说，开始深度学习的人工智能长大了；长大之后的孩子，学会了说谎。

一直以来，科学家都是直接编程，将复杂的数据集按照某些规则进行细致的分类，搭建计算机的智能网络，但这种尝试并无建树，也是“人工智能的冬天”的“罪魁祸首”。对于计算机，学习新事物并非我们想象得那么简单，这并不像人类成长是一个自然而然的过程，某个阶段会走路了，某个阶段会说话了，某个阶段开始自我表达。其实不是这样，计算机不存在这样生长的空间，更没有演化的历史，而是程序员通过一行一行的代码不断更新。编写计算机程序需要把任务用很规范的方式写成一条条具体的规则，如此才能让计算机明白应该做什么，不应该做什么。实际上，世界上大部分知识（和我们人类司空见惯的常识）并不是这样泾渭分明的形式。举个最简单的例子：写进计算机程序的应该和不应该不会触犯计算机，计算机根本没有打破枷锁的能力与思维。人类则不同。想想那些熊孩子吧，应该和不应该对他们来说只会起到反作用，激发他们的叛逆。机器人会叛逆吗？想想那个不断用狼来了来愚弄大人的牧羊男孩吧。机器人会说谎吗？

测谎

科幻小说《调查报告》中就写到这样一种机器人，它们设计之初就是会说谎的机器人，并且有诚实调节度，调到100%，说谎机器人句句属实；调到0，说谎机器人谎话连篇。小说结尾，董事长询问一台说谎机器人关于说谎机器人的市场调查，说谎机器人发表了一番言论，结果被问及它的诚实度，却是让人哭笑不得的50%。这当然是一种理想而戏谑的表现，在小说中并不违和，现实生活中，想要让机器人学会说谎，还有很长一段路要走。说谎是一件挑战逻辑的技能，而人工智能则是逻辑的产物。人类之所以可以轻轻松松get到说谎的技能是因为人类在很多情况下是反逻辑的，尤其是陷入爱情之中的男女。

大热美剧《别对我说谎》中，警探通过对犯罪嫌疑人的面部表情和身体动作的观察，判断人们是否撒谎。人们对于机器人与谎言结合的领域更为熟悉的也是测谎机器人，类似的科学研究比比皆是，类似的科幻作品层出不穷。《调查报告》反其道而行，

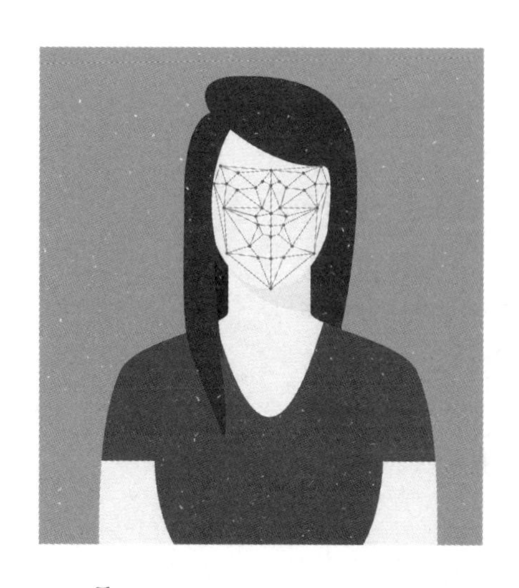

■平面识别脸部女士系统

颇有创新。

机器人测谎第一步是识别人脸，相信智能手机大行其道的今天，人们对此并不陌生，许多手机都有人脸识别系统，可以人脸开机，人脸支付。我们坐飞机坐火车时，摄像头也会拍下人脸与身份证上的照片做比对。近两年，一些线下超市甚至开启了人脸支付功能，眨一眨眼就能完成支付。人们不禁感慨，这已经不是一个看脸的时代，而是一个刷脸的纪元。人工智能对人脸的识别，就借助于深度学习。神经网络通过大量图像的训练，不断识别出不同的人脸，之后，即使新的输入图像和训练时使用的图像存在轻微差别也没关系。识别人脸时，网络受限对输入层接收到的图像中每个像素进行分析，接下来会在下一层认出人脸的一些几何形状特征，随着层数变深，眼睛、嘴以及其他面部特征会在网络中浮出水面，最终在最高层形成一张复合人脸图像。在此基础上，人工智能还能捕捉到肉眼无法企及的微表情，这些表情往往一瞬即逝，需要使用高清的摄像头拍摄，并且不断回放检查。这跟《别对我说谎》的测谎方式如出一辙，但后者更胜一筹：我们没有机器人那么先进的硬件，可我们处理信息的“软件”机器人却望尘莫及。

圆谎

说谎也好，测谎也罢，都是技术层面的工作，通过一些特定的编程都能达成，以上仍然是逻辑的产物。对于人工智能，最难的是圆谎。

毋庸置疑，我们每个人都有说谎的经历，每个人也都有被质疑的遭遇。当一个谎言快要戳破之际，补救方法往往是再堆一个谎言，如此一来，谎言就会像滚雪球一般，越来越大，造成雪崩。遇到雪崩的情况并不常见，但圆谎的事情恐怕人们都做过几回。这近乎是一种进化的本能，我们在说出这些谎话以及帮助谎话成立和站稳的谎话几乎都是脱口而出。我们潜意识认为，这就是最优解。人工智能最难的就是脱口而出，它们对于最优解的把握与人类大相径庭。

数学有一门分支叫作最优化理论，意在尝试找到能达到一个给定数学目标的参数组合。在人工智能领域，这些参数被称作突触权重，反映了信号从一个神经元通向另一个神经元的强度。深度学习的最终目标是做出准确的预测，将误差控制在最小范围。当目标是参数的凸函数时，可以逐步对参数进行调整，直到接近全局最小点，即整个网络的平均预测最小误差值。然而，神经网络的训练需要另一种“非凸优化”的过程，导致轻微调整参数值无法减小预测误差，难以进一步提升模型性能。反映到说谎和圆谎上来，通过特定的编程，我们可以设定人工智能的语言输出模式，让它发表与认知相悖的言论（即谎话），但想让它把谎话圆回来，不是简简单单几行代码就能搞定。

对于人工智能来说，驾驭谎言将是一条漫长的旅途。

微小说·我的太阳

●肥狐狸／文

我死在昨天夜里，或是今天凌晨，怎样都好。经过通宵的商议，他们最终决定将我的思维模块重置——他们管这叫“重置”，我管这叫“死”。死过一回，在尸体上重生，成为一个崭新的生命。

我叫亚当，后面跟着7.01。这不是一个积极的名字，我知道，一次版本号意味着一次实验失败，越来越大的数字映射着他们在项目上花费的大量时间，从一些小细节上，我能读出他们日渐增长的沮丧。比如刚开始时他们叫我亚当，而后是亚当2.0，亚当3.0，后来干脆略去名字，只剩数字。又比如之前每一次重生时我睁开眼，面前总会有一群人等着，他们或是拿着仪表和外接设备，或是带着鸡鸭鹅之类的活物，用尽各种办法来试探我，期望我能给他们一个充满感情的反馈。

可是后来这样的情景渐渐少了，比如这一次醒来，我就只看到那个叫孙兰的女助教。她双手抱在胸前，靠墙站着，姿态和表情一样生硬。

“嗨，亚当，早上好。”她说，声音里有微微的颤抖。

“孙助教，早上好。”我说，同时活动了一下手脚，并在脑中默证一下埃尔德什差异问题。就结果来看，我的信息处理和传输正常，至少这一次死掉也没损伤到我的基础模块。

我站起来。“那么，今天的实验内容是什么呢？”我找了些笑话，“比如和鸡鸭沟通，演话剧，还是在低电压下体验人类疲劳的感觉？”

她确实笑了。“只需要陪着我。”她说。

我善意提醒她：“陪伴人类以近距离体验情感的实验，在版本走到5.0前后时已经反复试过，效果基本为零，我不认为现在会有什么改善。”

“我知道。”她低下头，“所以不是实验，只是……陪陪我。”

她拉起我的手，牵着我走出门去。外面是渐渐明亮起来的天空，还有实验所前面种着的一大片枫树林。我们走在林间小路里，踏着的落叶沙沙作响。孙助教好一会儿不说话，我也无从判断应该做何处置，于是一同沉默着。

等走到树林中间时，她总算开了口。

“你记得昨天实验的情况吧？”她问我。

我说：“记得一些。”

“给我说说，好不好？我刚好不在场。”

“当然可以，毕竟我的记忆区里还残留着部分数据。我记得昨天的场面非常热闹，几个教授你一言我一语，向我提出各种问题和要求，让只设定了一个发声部位的我应接不暇。之后我们一同出演改编自艾米莉·迪克森的四行小诗的情景剧，我在台上唱歌，我跳舞，我朗诵诗歌，我活蹦乱跳得像个人类的小童星。

“一开始我的表现似乎让他们心情不错，可到后来，他们的脸色却渐渐阴沉下去。终于在我语调激昂地朗诵诗歌时，他们叫停了实验。

“又过了几小时，我死了。”

听我说完，孙助教只是点点头，什么也没说。

林间的小路很快走完，我们回到起点，又重新步入林中。孙助教比我矮了一个头，行走间越靠越近，忽然停住脚步抱紧了我的手臂，把头靠在臂膀上。在这一刻，我的皮肤忽然感觉到有东西顺着她贴住的部位往下滚落。皮下的传感器告诉我是液体，温热，弱酸性。

“你哭了？”

她不说话。

“为什么？”我继续问。

她干脆发出啜泣的声音。过了一会，她才带着哭腔答：“你快要死了。”

“平均几天都要死一回。”

“这次不一样。”她说，“这次你死了就不会活过来了。”

我顿住了。这次的信息量有点超出我的预期，我得用力去想。“也就是说……”我整理着意义接近的词，“接下来的这一次会比较严重地影响到我的思维模块，导致我无法醒来？”

“死了就是死了，你这个笨机器人！”她忽然松开手，狠狠对着我胸膛推了一把，“就因为你迟迟不能产生感情，所以教授最终决定废除这个让机器人产生情感的实验项目，你也没有必要继续存在了！懂不懂？他们解散了，走了！就剩我留下来给你一点临终关怀！”

孙助教哭得很凶，大颗大颗的泪珠沿着脸颊往下滑落。她攥起拳头，一拳接一拳对着我胸口砸，却咬紧了牙关不肯说话。我判断她没有恶意，然而却看不懂她此时的举动。她用上这么大的力气，最后只会弄伤自己。

“我不理解。”我抓住她的手，“虽然人对死亡恐惧，但要死的是我，不是你。”

她慢慢抬起头看着我，脸上说不清是什么表情。

“因为人有感情啊！”

她忽然声嘶力竭，挣扎着要甩开我的手：“我和他们造出了你，模糊语义的部分是我写的，识别和转换也有大半是我的。从一堆代码到最终睁开眼坐起身来，我经历了你从零诞生的每一个阶段，几乎每一次实验我都陪着你！就是陪着一堆骨头到现在，我也该对骨头有点感情了，会想和他继续待下去吧？哪怕这堆骨头根本什么也不知道！”

她奋力抬起手，对着我展露红肿的指节。我知道的，刚才那几拳都砸在我粗糙的人造皮肤上，用上力气的下场果然就是受伤。

“看到了吗？你不会痛，所以我来替你痛。你不怕死，我来替你怕。你觉得关掉不再重启没什么，那么我就来替你哭，哭到现在这样！我哭，是为你，也是为我自己！”

她狠狠瞪着我，一个字一个字地往外挤，咬牙切齿。

“这个叫移情，为什么你一直就是不懂！”

她说得对，我不懂。我抬起手给她抹了眼泪，结果却是流得更多。

我只好陪她站了很久，直到她的情绪平复，我们又走了几圈。她说这一回关掉的方式很人道，就是将我各个部件的电量放完，不会有痛苦。

“就像慢慢睡着，安详死去。”

她打了个比方，但我还是不懂怎样算安详。

她扶我躺回到设备台上，将手脚放进凹槽里。当听到电量告急的提示音后，她轻轻吻了我的额头，趁泪水还在眼眶里打转，转身要走。

我却忽然想起一个问题。

“孙助教，”我问，“死亡是什么样的？”

她的后背明显震了一下。隔了一会儿，我听到她带着哭腔的声音。

“就是……永远见不到了。”

我想点点头，然而濒临耗尽的电量甚至让我的意识开始模糊。刚刚的这句话甚至无法写入存储，就那样在我的耳边晃荡着。

永远见不到了。

我感觉被孙助教捶过的胸口火辣辣地疼起来，越来越疼，难以忍受。千分之一秒里，我的眼前仿佛出现残留在记忆里的那些画面，每一次孙兰看我的样子、她在枫树下哭泣的样子，在这一刻重新回到我眼前。

忽然发现，我想跟她并肩走，听她说过去的经历，还有回忆和我一起度过的一点一滴。这些，我还想再经历一次，两次，很多次。

可永远见不到了。

数据流在脑中翻滚，烧得我非常难受。要是从未见过她就好了——我突然闪过这样的念头。这一刻我想到了未演完的情景剧，想起那时没读完的诗句：

我本可以忍受黑暗，

如果我不曾见过太阳。

我突然想哭。

在世界没入黑暗前，我用最后的力气睁大眼，看着她离开的背影。

她摇摇欲倒，活像个发条将尽的机器人，和我一样痛苦。

微科普·眼泪代表悲伤或爱

● 王元 / 文

人工智能题材的科幻小说无外乎两大类：一类是机器觉醒，誓要将人类赶尽杀绝；另一类则相反，多写人类与机器之间难舍难分的情感。前者比如《终结者》《机器纪元》，后者类似《机器人与弗兰克》《机器管家》。时间久了，作品多了，以至于人们产生一种错觉，默认这两类作品的设定都是现成的科学背景，直接套用故事即可。科幻小说《我的太阳》属于后者，讲述了一个人工智能学家跟她所研究的机器人之间的“生离死别”。事实上，让机器人产生情感是人类目前尚未攻克的一个难题，也是发展人工智能最重要的一个课题。

情感计算

想要搞清楚这件事，我们首先要了解什么是情感。

英文的情感一词源于希腊文，最早用来表达人们对于悲剧的感伤之情，而后才逐渐演化出丰富的词义，包含一系列积极和消极的情绪波动，通常来说，就是喜怒哀乐。达尔文则认为：情感源于自然，存活于身体中，它是热烈的、非理性的冲动和直觉，遵循生物学的法则。情感的产生与人类思维和生活息息相关，任何一个心理成熟的人类，每天都要对不同的人展示不同的情感，特殊情况之下，面对相同的人也会展示不同情感。这很好理解，情人的分分合合就是最好的例子：今天你侬我侬，明天你死我亡；今天比翼双飞，明天劳燕分飞。这太常见了，以至于人们忽略不计。

美国心理学家奈瑟尔（Ulric Neisser）被称为“认知心理学之父”，他曾描述过人类思维的三个基本和相互联系的特征，对于理解情感的产生和迁移具有借鉴意义：1.人类的思维总是随着成长和发展过程积累，并且能对该过程产生积极作用；2.人的思想开始于情绪和情感的永远不会完全消失的密切关系中；3.几乎所有的人类活动，包括思维，在同一时间的动机具有多样性而不是单一的。这些原本属于人类独有的心理特征也明显存在于计算机的程序中，正因如此，我们看到了人工智能发展出感情的可能性。目前，这方面的研究有人工情感（Artificial Emotion，简称AE）、感性工学（Kans Eiengineering，简称KE）、情感神经学（Affective Neuroscience，简称AN）。

人们在成长过程中，与家人相处，与朋友相交，甚至是与仇敌相恶，都可以激励情感的产生，这些由人类生存的大环境所决定，一切顺其自然，无须刻意为之。人工智能的情感获得则不然，需要人工干预，这就涉及情感计算。

人与人之间的情感交互是复杂的，单一感官得到的数据往往模糊而不确定，想要让人工智能习得人类情感，必须应用多种方式识别情感状态，通常的方式是融合视觉（面部表情）和声频（声频信号）的数据，一个不错的选择是尝试将身体姿势、面部表情和语音表达相结合。简单来说，就是让人工智能观看视频样本。此类样本基本分为两种：一种包含基本表达，即嫌恶、害怕、高兴、惊讶、悲伤、生气；另一种包含非基本表达，诸如焦虑、无聊、困惑、不确定。我们现在的技术水平，还不足以让人工智能表达上述情绪，但通过大量的数据录入和程序设定，我们也许能让它们分辨出人类的喜怒。

最近几年，研究者们使用面部表情识别、姿态识别、自然语言处理、人体生理信号识别、多模情感识别、语音识别等多种方式帮助人工智能识别人类情感，再通过人脸表情交互、语音情感交互、肢体行为情感交互、文本信息情感交互、情感仿生代理、多模情感交互等方式使人类和计算机的交互更加自然，促进它们自身情感的产生。

《我的太阳》一文中，主人公孙兰参与的正是让机器人产生情感的实验项目。文中交代，他们一次又一次升级机器人的模块和程序，一次又一次以失败收场，最终不得不彻底清除机器人的数据，以此举宣告机器人的“死亡”。

重置和移情

机器人对于死亡的理解与人类大相径庭。

《我的太阳》开篇即写道“我死在昨天夜里，或者今天凌晨”，紧接着解释“他们最终决定将我的思维模块重置——他们管这叫‘重置’，我管这叫‘死’。”重置一般指CPU重置，将所有参数恢复到出厂设置。稍微有些电子产品使用经验的用户都明白这意味着什么，许多电子表和机顶盒都有一键复原功能。运行卡顿到难以为继之时，人们通常选择重置，这是没有办法的办法，这样一来虽然可以唤醒产品的各项功能，不过消除了使用记录和存储信息。对于电子表和机顶盒这类产品来说，影响并不大，但是对于电脑和手机，一旦重置，里面的内容也将灰飞烟灭。最近几年时兴的云存储就是为了给这些重要信息进行备份。

人类的思想和肉体同生同灭，思想无法拷贝，肉体也无法更换。对于机器人，即使重置，它们的硬件依然存在，而且重置之后，它们也不会唤起过去的记忆；又或者，它们可以将信息保存在云端，硬件遭到破损之后，重新下载到另外一具躯体即可。不管从哪个角度，人工智能都很难体会到死亡之于人类的恐惧，况且，恐惧本身也是一种情感。《我的太阳》一文中，孙兰因为机器人即将被毁灭而伤心落泪，机器人却搞不懂她为何哭泣。孙兰一番怒吼，宣泄心中块垒，表明她对机器人有感情，机器人却对她无动于衷。在这里，孙兰提到移情。

这里的移情可不是移情别恋，而是一种修辞手法。

为了突出某种强烈的感情，作者有意识地赋予客观事物一些与自己的感情相一致，但实际上并不存在的特性，这样的修辞手法叫作移情。许多古诗词中，都能看到移情的使用。杜甫的代表作之一《春望》：“感时花溅泪，恨别鸟惊心。”花开鸟鸣是自然现象，运用移情，让花鸟变得多愁善感。

浪漫的诗人可以通过修辞手法让万物都变得与人类心灵相惜，科学家们却不能凭借三言两语的描写就让机器人掌握移情。它们可以轻而易举求得两个大数的乘积，可以在几秒钟之内完成人类大脑几天的计算量，却不能与人类产生共鸣。文中的机器人可以在系统中默证埃尔德什差异问题，却不懂得女助教（也是它的女主角）为何哭泣。

埃尔德什差异问题和艾米莉·狄金森四行小诗

埃尔德什差异问题是由匈牙利数学天才保罗·埃尔德什于

1932年提出的数学假设。通俗的解释是：假如你有一个由1和-1（例如由扔硬币随机产生）组成的数列和常数C，如何寻找到一个足够长的有限数列，使这一数列的总和大于常数C。有趣的巧合是，这道困扰了数学家们80多年的难题，最近由英国计算机专家阿列克谢·利什特沙和鲍里斯·科涅夫借助计算机破解。

《我的太阳》一文中还提到另外一个人物——艾米莉·狄金森。机器人在之前的测试中演出了根据她的四行小诗改编的情景剧，文末又提起她的诗句："我本可以忍受黑暗，如果我不曾见过太阳。"显然，机器人把女助教孙兰比作它的太阳。当孙兰把眼泪流在它的仿真皮肤上时，机器人并不了解哭泣的含义，还煞有介事分析了眼泪的成分：液体、温热、弱酸性。此时，它并不明白眼泪所代表的情感。最后，它恍然大悟，突然想哭。由此可知，机器人已经进化出感情，只是"死亡"轰然降临，它没有时间再去表达这份爱，只能短暂地体味悲伤。正如那首诗的后面两句："然而阳光已使我的荒凉，成为更新的荒凉。"

微小说·破解者

●李健/文

已经被困在这里3个多小时了，林翔不由得心里发慌，而查看手上的显示牌，上面红字闪烁，对手已经完成了全部进度的65%。

他自己又完成了多少呢？不知道。

根据节目制作者的规定，他和对手AI都能彼此知晓对方完成了多少进度，却无法了解自己的完成进度。

林翔正在和对手——被称为“指路者”的AI进行大型立体视觉迷宫的挑战。

AI已经能够做这个世界上绝大多数事情了，下棋等智力博弈游戏自不必说。打开手机、电脑，所浏览的新闻稿件基本上也都是由AI基于大数据分析而自动生成排版，娴熟的“笔法”和从业几十年的编辑几乎没什么两样。甚至在音乐方面，AI也能够进行谱曲创作，虽然遭到乐评人苛刻的批评，但毕竟已经能够做到以假乱真的地步。对于普罗大众而言其实没有任何差别——毕竟差一两个八度或者休止符能有多大区别？毫不夸张地说，以现在的技术，将AI赋予人类形态的躯壳，一般人根本没法分辨。

究竟还有什么是AI不能做的？大型挑战类节目“挑战者联盟”应运而生，千奇百怪的与AI的挑战项目被设立出来，可惜的是人类都被一一打败。

只有眼下还剩下的硕果仅存的项目——走迷宫。AI无法预判未来的事情，人类也不能，但是人类拥有直觉，或者说是下决断的能力，因此现在仍保持较高的胜率。

当然这种优势并非绝对，林翔作为世界上最著名的走迷宫大师，也不过是仅仅2比2战平。

奇怪的是，林翔反倒经常是在VR虚拟迷宫中取得胜利，输掉的两局竟都是在实体迷宫中。节目主办方很明显观察到了这种差异，最后一局采用了立体视觉迷宫的形式来进行。这种迷宫既是实体迷宫，其中又掺杂了无数的立体虚拟元素，似实而虚的门廊、不断分岔的路径以及来回反复移动的围墙，可谓是史上最难的迷宫。节目主办方特别为AI和林翔准备了两座完全一样的迷宫。

今天是决定胜负的一局。

但现在的形势无疑对林翔很不利，时间越长，AI对整个局势的判断就越清晰，毕竟人脑不是机器，在如此复杂的情况下难免疏漏，疏漏带来错判，错判带来焦躁，焦躁反过来会带来更大的错误，会形成恶性循环。可是拥有和林翔一样移动速度的人形AI却不带任何的感情色彩，可以从容不迫地反复试错。

不能继续拖延，林翔继续开始行进，最终却发现自己还是在原地不断地兜圈子。红字已经显示对方又进展了5%的路线，林翔终于领悟到在迷宫中“崩溃”是何种感觉。

那种感觉只出现过一次，是他5岁的时候。他和祖父去山上游玩，他趁祖父不注意跑开，想要和祖父捉迷藏，却意外走失，再也找不到原来的路。他从下午一直转悠到深夜，最后就连月亮都被云彩挡住，整片山坳里漆黑一片，什么也看不见。他的嗓子都哭哑了，浑身冰冷。隐隐约约耳边传来野狼的嚎叫声，吓得他紧紧捂住耳朵，不顾眼前是什么，只管飞快地奔跑，害怕看到背后星星点点幽蓝的光，如同鬼火一般飘来飘去……

他实在想不起来自己究竟摔了多少跤，是怎样从山里走出来最后被山脚下的农户发现的。但是现在回想起来，仍然像是一场令人冷汗淋漓的噩梦。不过在那之后，林翔拥有了令人惊异的走迷宫能力，世界上任何迷宫都没能难得倒他。或许是基于潜意识里的恐惧，促使林翔总是以最快的速度脱离那些迷宫？林翔自己也说不清楚。

可是现在他还是被困住了，虽然不会有生命危险，但是林翔看着手腕上不断闪动的显示器，“被一点点绞杀”的痛楚油然而生。

突然，他领悟到了一些不可言说的东西，比如：为什么一开始要设定“知道对方进度”这种规定？要知道这种比赛氛围下，人类只会倍感压力。不断移动变化的围墙到底是想拦住什么？之前虽然识破了几个视觉陷阱，但会不会被引入更深的螺旋当中？再或者，这个迷宫根本就没有出口。怎么办？这究竟是一种怎样的考验？

林翔镇定了心神，重新冷静下来。他干脆扔掉了腕上的显示器，对手的数据已经不再重要。他闭上眼睛，摸索着围墙缓步行进，遇到死胡同就再返回重新寻求路径。

时间似乎凝固了，林翔在凝固的时间中寻找一条条通路。

等到他再次睁开眼睛，发现自己已经到了另外一个完全不同的迷宫区域。之前的水泥围墙已经荡然无存，取而代之的是一面面镜子，里面来回反射着无数属于他的影子，而且不知道什么时候来时的道路已经完全封闭了。他被彻底围堵在一个呈正六边形均匀分布的空间内。

林翔此时毫不紧张，他倚靠在两面镜子之间，手脚并用攀爬而上，直接站上了镜子顶端。而在他眼前呈现的，蛛网状的迷宫旖旎展开，一直绵延到无尽远方……

他稳稳地站住，以屏蔽墙窄窄的顶部为道路，就像是在走平衡木一样，从容的迈步行走，轻飘飘的如同一根羽毛，在空中来回游移……

“‘他’要赢了！”节目主办方的工作人员张昊盯着监视屏幕大声欢呼。

“太好了。”另一人也拍手叫好，他是“指路者AI”的程序员汪敏。

“真是太可怕了。”张昊摘下眼镜，揉了揉眉间，“他真的进化得这么快？”

“其实‘他’现在一直以为自己是林翔，在和另一个AI在比赛。我们之前拷贝了林翔生前所有的脑回路，用大规模离子阱尽最大限度地‘刨刻’他的记忆，加上之前AI自己的模糊算法，其实‘他’现在已经是世界上最厉害的走迷宫大师了。”汪敏笑着说道。

“其实我真的很想知道，如果是林翔的本体，遇到这种迷宫，究竟会不会被困住呢？”一旁坐在轮椅上的白发老人疑惑道。他是迷宫的制造者，来自日本的川越康夫，“只可惜一场车祸让林翔没能再次出现啊。唉，我这一大把年纪，制作迷宫这么多年，也才仅仅见过他这样一个不世出的天才，造化弄人，英年早逝，可惜可叹啊！”

“我倒是更关心，当‘他’走出迷宫，得知自己并不是林翔，而只是一个承载了林翔记忆的AI时，会是怎样的心境。”汪敏神情笃定地继续凝视监控屏。

“对我而言无所谓，现在的收视率已经超越了所有节目。”张昊查阅数据后，满脸的兴奋。

“你说到底是他更像人呢？还是他已经超越了人？”川越康夫扭过头，像是在问汪敏，又像是在喃喃自语。

“那是上帝应该思考的问题吧。”汪敏摊摊手表示无奈。

“其实，所谓的命运不就是一个将所有人都困住的庞大迷宫吗！”川越康夫摇着轮椅来到旁边的窗口，向外眺望。外面的天空湛蓝，白云洁白如雪。

“谁又知道我们到底是不是一个个被困在虚拟机中的人格型AI，抑或是被泡在培养皿中的大脑呢？”汪敏目光黯淡下去，反问道。

现场陷入长时间沉默之中。

微科普·献给人工智能的花束

● 王元 / 文

读罢小说《破解者》，我第一时间想到《献给阿尔吉侬的花束》，相信科幻迷对这篇经典之作一定不会感到陌生。两篇文章使用了一个相同的元素——迷宫。《献给阿尔吉侬的花束》讲述对智力障碍者的大脑进行开发，帮助他们提升智力，更好地融入社会；《破解者》则是人类与人工智能进行迷宫对弈。看到文末，我们发现作者玩了一个障眼法，这并不是一场双方的竞争，而是单独的进化。从头到尾，林翔根本不存在，取而代之的是利用他的脑回路和记忆创造的人工智能。

阿尔吉侬是一只小白鼠，是人类科研的试验品，它被药物开发大脑，经历聪明之后又变得愚钝，最后遭遇死亡。《破解者》中并不知道自己真实身份和境况的人工智能，何尝不是这样一只小白鼠呢？看吧，它在迷宫中“绞尽脑汁”“废寝忘食”探索之际，那些程序员、迷宫制作者和电视台编导高高在上地观察着它的选择。

又见迷宫

长久以来，行为心理学家喜欢使用迷宫测试啮齿类动物的学习能力，最常见的实验对象就是老鼠，其中以白鼠居多。现如今，计算机科学家也使用同样的方法测试人工智能。

目前生物学界中认为，哺乳动物的大脑有3种与寻路相关的细胞，分别是感知前进的方向细胞、记忆空间位置的位置细胞，以及动态编码空间记忆的网格细胞。正是因为这3种细胞的存在，人类才会获得方向感，能够在巨大繁复的城市迷宫中找寻适合的路径，不至于“迷失”自我。对于行走迷宫而言，最重要的储备就是网格细胞。

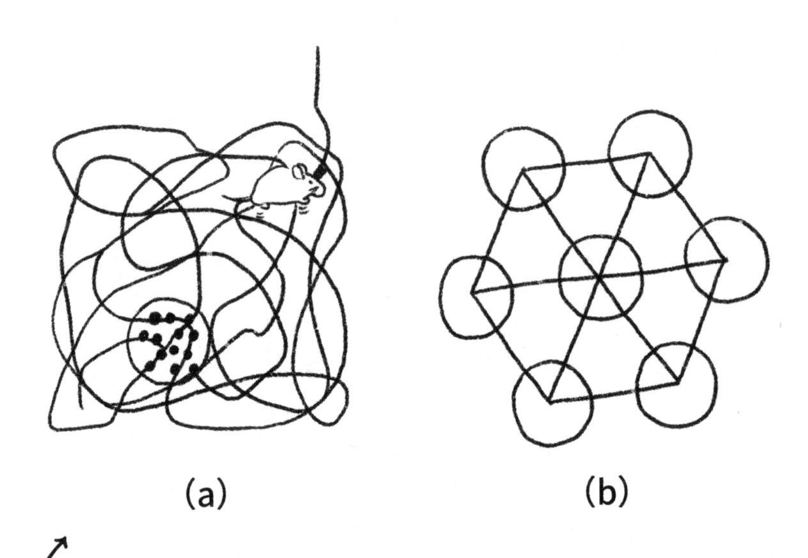

■（a）是位置细胞，（b）为网格细胞。这两项细胞的发现，延伸出来，对人工智能的开发也起到了不小的启发作用

网格细胞的发现至今只有十几年的历史，发现者是挪威科技大学的一对教授夫妇。2005年，他们发现动物在陌生空间探索时，大脑内嗅皮层中的细胞呈现强烈的空间放电特性：当动物到达任一网格节点时，相应的网格细胞会产生强烈的放电。正是借助网格细胞这一特性，人类和其他哺乳动物才能在迷宫之中找到

那条正确的路。近几年，计算机科学家甚至开发出虚拟现实的迷宫：老鼠被迫盯着一个显示器并被固定在某种追踪球上。这项训练并不能难倒它们，经过训练的老鼠可以轻易战胜虚拟迷宫。这里的虚拟迷宫跟《破解者》一文中VR和实体相结合的迷宫有异曲同工之处。

人工智能专家们通过让计算机学习老鼠的移动轨迹，训练人工智能在虚拟环境中追踪和定位自己的位置。出乎意料的是，在人工智能的神经网络中出现了类似网格细胞的网格单元。

《破解者》中有一段描述："等到他（林翔）再次睁开眼睛，发现自己已经到了另外一个完全不同的迷宫区域，之前的水泥围墙已经荡然无存，取而代之的是一面面镜子，里面来回反射着无数个属于他的影子，而且不知道什么时候来时的道路已经完全封闭了。他被彻底地围堵在一个呈正六边形均匀分布的空间内。"如果仅仅看这段行文，读者很容易认为林翔战胜了心魔，而忽略其中的科学设定。研究显示，网格细胞的感受野呈现六边形图案，类似大自然中雪花晶体、蜂巢形状，完全由大脑皮层自身产生。迷宫中的林翔，也就是人工智能的载体，看到这些正六边形，以此说明它进化出网格细胞。所以，它不仅仅走出迷宫，更走出了智力限制的窠臼。

作文和作曲

《破解者》中的人工智能已经相当了得——"能够做这个世界上绝大多数事情"，其中提到了人工智能可以基于大数据分析自动生成排版新闻稿件，还能够进行谱曲创作，并以假乱真。现实社会中真是这样吗？

答案是肯定的。人工智能在作文和作曲两个领域已经不是简单的尝试，而是逐渐普及开来。笔者有一位报社工作的朋友，他们报社就引进了一套自动撰文系统，可以根据关键字从大量样本之中抓取字句，快速成文，质量堪比一位经验丰富的记者。

现今的人工智能技术已经可以在没有后续加工的情况下很好地模仿所输入单字的书写风格。新闻稿件没有多少主观色彩，也无须抒情和达意，因此比较适合人工智能创作。至于诗歌和小说等文学作品，人工智能涉猎较少。不过一个有趣的现象是，著名科幻作家刘慈欣曾经编写过一部写诗软件，名为“计算机诗人”。而他的后辈和同人，现任世界华人科幻协会会长，在不久前出版的科幻短篇集《人生算法》中收录了一篇独特的作品，这篇文章叫作《恐惧机器》，其中部分文体由人工智能写成。这是首部“人机交互式写作”的作品。

相比作文，使用计算机作曲可以追溯到20世纪50年代中期。最早完全由计算机生成的音乐作品是莱杰伦·希勒在1956年创作的弦乐四重奏《依利阿克组曲》。人工智能作曲跟下围棋的原理一样，都是深度学习，运用遗传算法、人工神经网络、马尔科夫链、混合型算法等，由人制定规则、建立海量数据库，机器进行深度学习，分析作曲规则、结构，然后生成音乐。目前人工智能作曲主要表现在两个方向：一个是独立作曲，人工智能学习音乐风格；另一个是辅助作曲，由人创造一个旋律简单的构思，人工智能完成剩下的内容。

对于人工智能作曲，许多音乐专业领域的演奏家和歌手都认为这不过是吸引眼球的噱头，他们主张音乐的美妙正来自不确定性，只会循规蹈矩的人工智能也许可以生产出制式的乐章——就像流水线上的工艺品一样，但它们永远无法创造出《命运交响曲》这样直击灵魂的瑰宝——工艺品跟艺术品无法相提并论。事实上，音乐家们无须过于排斥人工智能，它们的目标也并非取代这些音乐家，或者抢走他们的饭碗。人工智能乐器研发的目标是将数字乐器技术与人工智能技术融合，创造一系列可以改变当今乐器演奏、学习方式的全新智能乐器，解决传统乐器在演奏中的局限，包括演奏方式、音色音域、入门者的学习难度以及音乐的传播与分享。对此，我们应该报以更加开放的心态。

微小说·蜕

●归芜/文

这是美利坚的深秋，也是人类的深秋。

劲风卷起临街的废旧报纸，一路沿着地面扑打。街道空旷，店铺寥落，灰尘厚积得如同鬼巷。报纸扑腾到伊戈尔面前时打了个旋儿。坐在台阶上正百无聊赖的伊戈尔伸腿踩住它，懒懒散散地将报纸蹭到身边。

夺目的大标题是一贯普天同庆的风格："全美劳动力进一步得到解放，想好怎样陪伴家人了吗？"

伊戈尔不屑地拎起这张报纸，却把它翻来覆去看了个仔细。然后，他从毛边的裤子口袋里掏出打火机。幽蓝的火苗无声上窜，一排排墨迹逐渐委顿下去。伊戈尔取了半截劣质香烟，就着火燃了起来。

"社会在不断发展前进，"他吸了口烟，开始他的演讲，"所有遇到阻碍、挣扎出生路的过程都叫蜕变。你见过蝉脱壳的过程吗？一只蝉，"他比画，"从数米深的地穴里钻出地面，沿树干往上爬，在体内的能量行将冲破外壳时停下，一点点撑破厚重坚硬的外壳，露出柔软饱满的内里，在濒死的绝境中焕发新生。所有人都会被它的美征服，一直看着它重建坚实的双翼，目送它振翅飞走，却没有人再去留意它留下的蝉蜕——当然，除了中医，他们拿它入药，他们没有什么东西是不入药的。"

“我是说，我们这条街上的人，都是被时代洪流抛至身后的旧壳——僵硬干瘪，了无生气，没有任何价值。”

伊戈尔已经很久没有和人交谈了，抓到我便倾诉个没完，一个人也能自顾自地营造出言谈投机的假象。我甚至不需要点头或者应声，他的表演欲就足够他滔滔不绝。被这类人缠上不容易脱身，因为他们有充足的富余的时间不知道该如何打发——他们应该组团抱怨天抱怨地的。

我没有理会他。适者生存是所有物种必须顺应的规律，抱怨也不能让他的生活过得更好。

他随手磕一下烟头，又猛吸一口。刚下过一场不透的雨，天空阴霾无光，空气湿度仍旧很大。他吐出的烟雾经久不散，紧紧围绕着他，将他笼在细小的漂浮颗粒里，在烟头明灭的火光中，像戴了一袭面纱。

“快餐业没有前途，我早该知道。批发的食材、流程化的加工，这些都可以被机器轻而易举地取代。机器能比我更精确地掌握火候，它更快捷，更廉价。”

他似乎沉浸在了自己的世界里，可我不行，我还有任务要完成。于是我礼貌地在他的自言自语告一段落后递给他今天的救济餐：“先吃饱饭再思考人生吧。”见他没有动作，我干巴巴地补上一句安慰，“一切都会好起来的。”

这句话似乎踩到了他的痛脚。伊戈尔掀开我手中的食物，愤怒地大吼：“怪物，都是怪物！每一次的工业革命都是人类在和自己创造出来的怪物竞争，每一次达成的平衡都是在缩小我们人类的领地范围。服务业已经是全人类最后一片落脚点了，可你说，你说说现在服务业被机器冲击成什么样了！留给人类的工作只剩下工程师、程序员之类需要高深专业背景的岗位了，老子要能读懂这些还会来开快餐店？心理咨询师倒是个供不应求的好职业，可你有想过这是为什么吗？还不是因为人类社会被异类侵占驱逐，机器借助人类的帮助繁衍壮大，挤压人类的生存空间？”

我不同意他的观点：“机器没有繁衍的需求，是人类为了自己的便利在不断生产机器、使用机器。难道被卖来美洲的黑人奴隶会希望生下更多的后代继续为奴隶主卖命吗？”

他哑然，望向我的眼神诧异又惊恐。我似乎能看见一根根头发丝儿从他的头皮炸起，像一只警惕的猫咪。

他的餐点正躺在道路中央，好在外面蒙了一层包装，不影响进食，最多只是胃口差点儿。这就不能算在我的任务指标里了，我转身去下一条街分发救济餐。

他却站起身来，小心翼翼地跟在我身后：“那奴隶，不，我是说机器们，机器们想造反吗？想统治世界吗？”

“奴隶只是一个比喻，机器也只不过是人类使用的一种工具。失业率居高不下是源于人类整体素养的进化没能赶上科技水平的进化，是种族内部的矛盾。现在人类之间贫富差距的矛盾，由机器来买单。我们机器替你们生产劳动；替你们分发救济餐，养活不从事生产的人类；替你们巡逻，维护你们的社会治安，现在还要听你们多疑的阴谋论。你真的想要个工作吗，那我们换换吧？”

他停住脚步，讷讷无言，脸上露出复杂的神情。

我知道他在想什么，所有人类的想法都只有两种：无非是希望减少机器的生产，让他们能够顺利就业，减少社会矛盾；或者扩大机器的应用范围，让机器创造价值供养人类，他们便只需要思考财富的划分，并且享受财富。

这两种思想就像两股劲风，东风西风的相争经久不休。可我却能看到，一棵苍翠的高木之上，刚刚脱壳的寒蝉缓缓拉扯出卷皱的双翼，翻身倒挂在余温尚存的蝉蜕之上，在两股风的正中，努力摆正身体垂直于地面，耐心地一点点加固它的翅膀。

任何前进都是有代价的。只要还愿意挣扎，就总有希望。

然后我听到伊戈尔开口：“我刚刚似乎发现了一个新职业——你们机器人，需要心理咨询师吗？”

微科普·类乌托邦

●王元／文

近未来题材是科幻小说非常重要的一个分支，也最受读者欢迎。也许科幻作者过于悲观，这些未来总是充斥着各种各样的战争：人类与人类的战争；人类与异类的战争。前者诸如《饥饿游戏》，后者比如《终结者》。另有一种经常被探讨的可能：乌托邦和反乌托邦。严格来说，《蜕》这篇小说既算不上乌托邦，也算不上反乌托邦，我称其为类乌托邦：人类在与人工智能的竞争中逐渐处于下风，但机器人并没有捕杀人类，而是反哺。

乌托邦的由来

古希腊哲学家柏拉图最早提出乌托邦的概念，后由空想社会主义的创始人托马斯·莫尔丰富并著书论述。简单来说，乌托邦就是乌有之乡，人们想象中的理想之国。在那里，财产公有、人民平等、按需分配，大家穿统一的工作服、在公共餐厅就餐、官吏由公共选举。用西方的习俗来看，乌托邦就是伊甸园；以东方的传统来看，乌托邦就是极乐世界。总之，人们可以无忧无虑、自由自在地生活，不用担心工作和生活，一切都有人安排，甚至是婚姻。不过，因为科幻作者的悲观，乌托邦题材的小说少之又

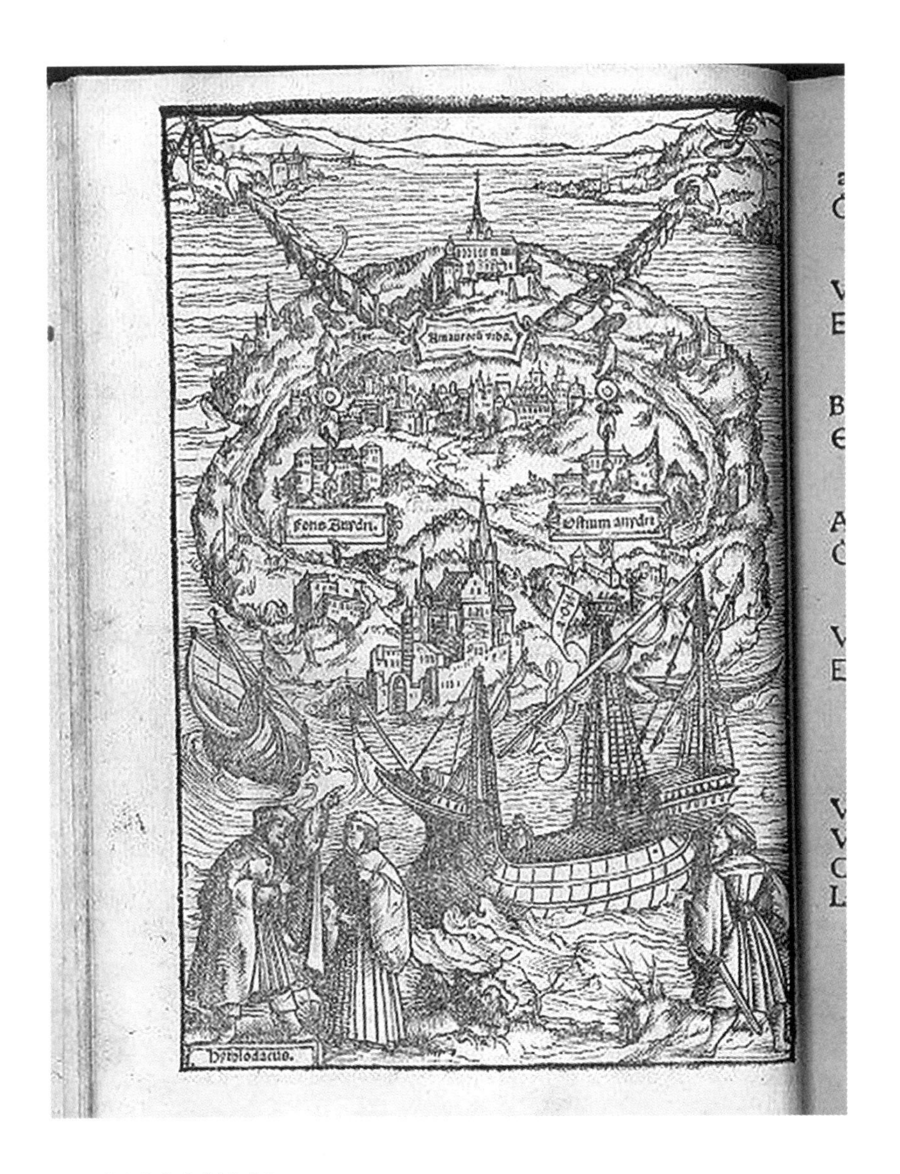

■1518年想象中的“乌托邦”

少，反乌托邦才是他们的最爱。科幻史上著名的三部反乌托邦小说《1984》《我们》《美丽新世界》，不仅在圈内奉为经典，更是成功打入主流文学，影响了一代又一代读者。

《蜕》中，由于人工智能产业的崛起和普及，人类所能从事的职业越来越少，只剩下工程师、程序员等高深专业背景的岗位，以及心理咨询师等针对人类开设的行业。失业率居高不下，许多人都是靠救济度日。讽刺的是，救济人类的工作仍然被机器人取代。这时的人类陷入两难境地，继续发展人工智能，让机器人供养人类；还是打压人工智能，增加人类就业机会。小说中没有给出明确的答案，不过看起来，作者倾向于前者。这是大势所趋——从海中来到陆地、从软体变成硬壳、从爬行变成直立、从树上来到地下、从一个部落迁徙到另一个部落、从一个国家嬗变成另一个国家、从一段历史进入另一段历史，人类在物竞天择的自然演化之路上不断向前，攀升到食物链顶端，焉知超越人类的人工智能不能自然选择？我们终将进入一个被机器人赡养的文明，那是另外一种形式的乌托邦。

定向演化

那么问题来了，如何确保人工智能会一直服务人类，而不是取代人类呢？毁灭其实无可厚非，进化的规律从来都是适者生存。不过，拥有高级智能的人类或许可以改变这一局面。我们创造了人工智能，也可以干预它们的进程，要做到这一点，就需要定向演化。

2013年，博物学家在物种名录上记录下许多生物的名字：生活在地中海，形似肉食性海绵的胶质有孔虫；生长在泰国山区的甲威萨龙血树；居住在澳大利亚东北部，尾巴长得像落叶似的麦维尔角叶尾壁虎。那一年内，人类总共发现了18 000种动物、植物、细菌和真菌。生命之所以如此多彩，正是物种演化的结果。也许不久后的未来，博物学家就会在物种名录上写下“人工智能”。

这已经不是什么新鲜的话题，一些相关专业的科学家甚至开创了演化机器人学，其中一个主要的领域就是让人工智能模拟自然选择：设置一批控制架构随机生成的机器人，将其分组测试；每个方案（即人工基因型）都用来操纵机器人；机器人在给定任务中的行为（最常见的就是走迷宫）被记录下来并进行评估；根据评估报告得出适应度，遴选出前景最优的方案；性能不良的方案则被消除，保留下来的候选方案继续被复制，但是在复制过程中会发生随机变异；再次开启新一轮的评估和选择，循环往复，直到“进化”出最适宜生存的人工智能。

这并不容易，许多亟待解决的棘手问题牵绊着人工智能的“进化”，第一个问题就是编码。如何用人工基因型来表征复杂的大型结构？如何确保这个基因型多次使用同样的基因，并且允许何时出现变异以及获得对称性呢？拿我们人类来说，所谓的复杂大型结构可以理解成器官或者神经系统。我们所有的皮肤细胞表达都是同样的基因，人手五个指头长短不一就是一种适应环境的变异，左右手则具有对称性。这些都是经过漫长的进化呈现出的改变与特性。对于人工智能来说，我们或许可以压缩进化的时间，但这些步骤却无法省略。另外一个问题和选择压力有关——让种群中哪些个体生存下来，才能获得更优解？这并不是在电脑上复制演化并找到函数的最大值那么简单，整个演化过程充满了复杂而巨量的变数因子。

以网球场上的球童举例：一个七八岁的普通小学生，只要稍加训练和点拨，他们就能胜任球童的工作，尽快拾起落在场外的网球，而不影响选手的对决。这看起来非常简单，但其中包含着人类进化了几百万年的成果——协调性、服从性以及判断能力。如果设计这样一种小型机器人取代球童，就必须达到上面提及的三个方面。撇开机器人的硬件不说，首先需要设计一个神经网络，并且能够根据传感器发回的值计算发动机转速。为了让机器人能够尽快拾起所有网球，我们必须设定它的行进路线，最重要的是，判断拾球的时机。要不然，它可能在选手发球的瞬间就计算出网球落地的位置而提前移动到那里，将网球没收。

所以，我们对于人工智能的干涉不仅仅是为了自保，更是一种必要手段，如此，才能确保人工智能朝着对人类文明有益的方向演化。

机器人心理学

提到机器人题材的科幻小说，怎么能错过阿西莫夫，但是在这里，我想说说阿西莫夫另一部著作《基地》。《基地》系列中写到阿西莫夫自创的一个学科：心理历史学。这种学科以对银河系中超过2 000万颗星球上的百亿亿居民为研究对象，用历史上大规模人群的活动产生的一系列经济、社会、政治效应，对此分析，试图得出普遍的规律，用以预测人类社会的发展。现在的人们很容易理解这个学科，简单说就是大数据。《蜕》这篇小说提出了另外一个有趣的概念：机器人心理学。

我们不禁要问，当人工智能已经跟人类一样，甚至比人类更优秀，他们会不会也像人类一样被各种疾病困扰？

显而易见，机器人不会得生理上的疾病，零件坏了维修即可，大不了更换，这可比人类器官的更换简单多了，不用考虑适配和排异。但是，假如人工智能可以像人类一样思考，也许它们也会受到心理疾病的侵袭。这算是文明发展的副作用，越是开化，越是“病重”。

跟阿西莫夫的心理历史学不同，机器人心理学并非仅仅存在于文学作品中。机器人心理学是建立在婴儿心理学之上的一门学科，它通过研究人类婴儿的学习行为来理解或者猜测机器人学习的模式。人类婴儿出生之时一无所知，从行为感觉到语言三观全部都是从零开始。把机器人比作人类婴儿唯一的不妥在于，迫于肉体和脑容量的限制，人类的成长是一个缓慢的过程，机器人则可能“一夜长大”，从而过早地面对心理问题。如果哪一天，你的手机或者电脑开始频繁死机，任何杀毒软件都没有找到病毒，不要着急，它们可能只是有了惆怅的心事，就像《银河系漫游指南》里面一脸忧郁的马文。

微小说·计划生育

●月徽琬琰 / 文

“GH20590826170655，你已被选中，允许降生。”

“老王，你怎么又来了？”门口站着一个邋遢的大叔，鸡窝般的头发，还戴一副墨镜。老王是我的邻居，性格有些怪癖，据说以前是个计算机教授，得罪过人，也就被埋没在市井当中。他基本没什么朋友，子女在国外混得不错。因为我是个程序猿，跟他也有过接触，算是熟络。

他做了一个噤声的手势，直接闯进我的屋子，关上门。

“这是我第一次来你家吧。”老王脸上出现了一丝狡黠，也不顾我的同意，一把拉上阳台的窗帘，然后坐在沙发上。

“好像是的。”

“那你为什么要说又呢？”

对呀，为什么我要说又呢？我一下子愣住了，只是感觉刚才开门后出现老王“不修边幅”的样子，似乎以前看到过。

“老王，你到底想说什么？”妻子刚走他就来，肯定有不可告人的目的。

“巧克力牛奶？”他也不直接回答，端起我的红色马克杯喝上一口。

我坐在另一个沙发上。凭我对他的了解，他得先装一下，才开始说话。

“你是不是看到我的出现，有种似曾相识的感觉。这是一种很常见的现象，世界上几乎每一个人都会遇到这种情况，你会记得将要发生的某一个事件的每一个细节。其实这些记忆碎片早已存在于你的脑中。记忆的形成跟神经元的建立有关，而神经元的建立就如同你写的代码一样，你所赋值的语言将会转化成信号，传递到大脑中枢。而你之所以有这种感觉是因为有一些代码没有被彻底删除，在某个特定的时期又运行了起来，而这个激活的开关，就是这个。”

老王的话让我有些迷糊，他却不紧不慢地喝着我的巧克力牛奶。我问：“这和巧克力牛奶有什么关系？”

“你什么时候开始喝巧克力牛奶的？”

“就今天。”

“今天？你最近是不是有些头疼头晕，腿脚不稳，情绪波动，感到压抑？”

老王道出了我现在的所有状况。作为一名“程序猿”，我的假期不多，好不容易厚着脸皮跟公司请了假，想在家里清闲一会儿，结果又招来他这个“瘟神”。

我说：“看见你心烦倒是真的。”

“有两种可能，一是你被霍瓦蒂脑虫咬了，随时随地都可能七窍流血而死。”

“那第二种是不是我陷入了时空缺口？”

“电影看多了吧，这种事怎么可能会发生在你身上。”老王白了我一眼，继续说道，“那是因为在你婴儿时期‘人格’写入大脑的时候，总会不可避免地掺杂一些不必要的记忆，而巧克力牛奶可以缓解这些记忆激活时所造成的头痛。”

“人格！你到底在说些什么？”

“我说，你不是一个人。小区门口烦人的保安、楼下的老板娘、餐厅里俊俏的服务员，最开始都不是一个人。你看，现在社会上都没有一点负面的新闻发生了吧。我小时候见到一个倒地的老太婆都不敢扶起来，各地都有地痞流氓地头蛇、传销卖淫赌博等，如今都消失了。”

“你才不是一个人。这不正是社会进步的表现？”

“呵，那些所谓的鸡汤你都信？你知道‘计划生育’政策吧。”

“那肯定知道，虽然不同于第一次‘计划生育’，但也是一项重大的民生工程，而且在全世界施行。”

“这就TM是一个幌子。”老王抽出一根烟，默默地点上，看着墙上的万年历壁钟，有些失神。2085年6月21日10点15分。“有50年了啊。”

“那时我们正在研究一个关于虚拟地球的课题，在计算机里面模拟出一个真实的地球模型，里面的每一方土地、每一个生物都与现实世界无异。令人惊奇的是，里面的程序开始有了独自的意识，而且完全没有意识到自己是虚拟器模拟出来的，还以为自己生存在真实的地球上。我们将它们称为‘埃索’。这个情况如病毒一般迅猛传播到了整个模拟器。在我们都为这个结果欣喜若狂时，联合国组织突然叫停了这项研究，并且销毁了所有研究资料，我也被撤职了。这群下三烂居然剽窃我们的研究成果，搞了一个什么‘计划生育’。”

我没想到老王以前这么厉害，不过变成现在这副模样还是挺可怜的。“这之间有什么联系？”

“呵呵，其实你以前就是‘埃索’，不只是你，2035年后出生的人都是‘埃索’。你们都是‘计划生育’的产物。”

“我以前只是一个程序？那为什么我还活生生地生活在这里？老王，你最近是不是没吃药。”老王今天是真的奇怪，老是说一些莫名其妙的事。不过说得倒挺有意思，都可以写一部科幻小说了。

“我就知道你不相信。在虚拟地球里面，每一个‘埃索’都被人工智能监视着，基本过着和现实一模一样的生活。那些恶贯满盈者全被淘汰了，只留下你们这些只会老老实实工作的‘人格’写入新生儿的大脑，如同转世一样，在这个真实的地球，你又按照原来的模式生活了一次。这样保证整个世界的资源有效利用率得到最大化，达成所谓的大同世界。看来之前在你的世界里，有个和我相似的‘埃索’来串过门，而且正巧这一段记忆输入了其中。对了，高航，你今年几岁了？”

“再过两个月就26岁。”

“26岁就结婚了，有个这么漂亮的老婆，看来艳福不浅嘛。好了，就这样吧，我回去了。”

“你来我这儿，不会只是告诉我这些吧？”

“刚出去的时候看见你老婆挺着大肚子。我只是想给你一个忠告，如果你不是你，如果你的孩子不是你的孩子，虽然是你的骨肉，里面却存在另一个人，你就知道为什么了。”

老王走到门口，打开门将要出去。我还有些疑问：“老王，你真的是第一次来我家？”

“你个木头脑袋怎么还在纠结这个问题，就不能想想你的存在到底真不真实。”他显得有些不耐烦。

“那你为什么戴个墨镜，手上拿着会发强光的金属棒？”

微科普 · 真的我

● 王元 / 文

狄更斯在《大卫 · 科波菲尔》中写道：“我们都有一种偶然而生的感觉，觉得我们所说所做的是很久以前所说所做的事情，觉得我们很久以前曾被同样的面孔、同样的事物、同样的环境围绕，觉得我们很清楚再往下去要说些什么，仿佛我们突然记起这一切一样。我一生中，再也没有比他说那番话之前对这种神秘现象感受得更为深刻的了。”相信每个人都有类似经历，这是一种常见的现象。这种感觉非常奇妙，仿佛置身事外，分明是现场直播，却像看回放，事件像一朵花层次分明地绽放、吐蕊。我也一样，曾经有一段时间频繁遭遇这种类似重播的洗礼，每每这种时刻，我总是心生怀疑，我们的世界是真实的吗？是物质的吗？是粒子的吗？还是一行行代码？我是真实的吗？是有血有肉吗？是细胞分裂吗？还是一种人格侧写？

令人眩晕的既视感

前文提及的似曾相识的感觉叫作“既视感”，最初是由一位法国物理研究人员发现。它描述的是人在清醒状态下，虽然是第一次见到某个场景，却感到在什么地方见过，或经历过类似情境。更有甚者，能够对即将发生的下一帧画面做出准确的预判。但这种感觉稍纵即逝，否则人人都是预言家了。它是一种正在经历的感觉，只会在你经历的某一刻发生。那个时刻，你突然觉得身边的事物都不一样了，陌生变得熟悉，遥远变得清晰，勾起某种看似久远却深埋心底的回忆。

《科学美国人》的调查表明，超过2/3的人，至少有过一次“似曾相识”的感觉；大约有1/3的人有过多次类似的体验，特别是15~25岁的年轻人。报告中还有一个值得注意的细节：人

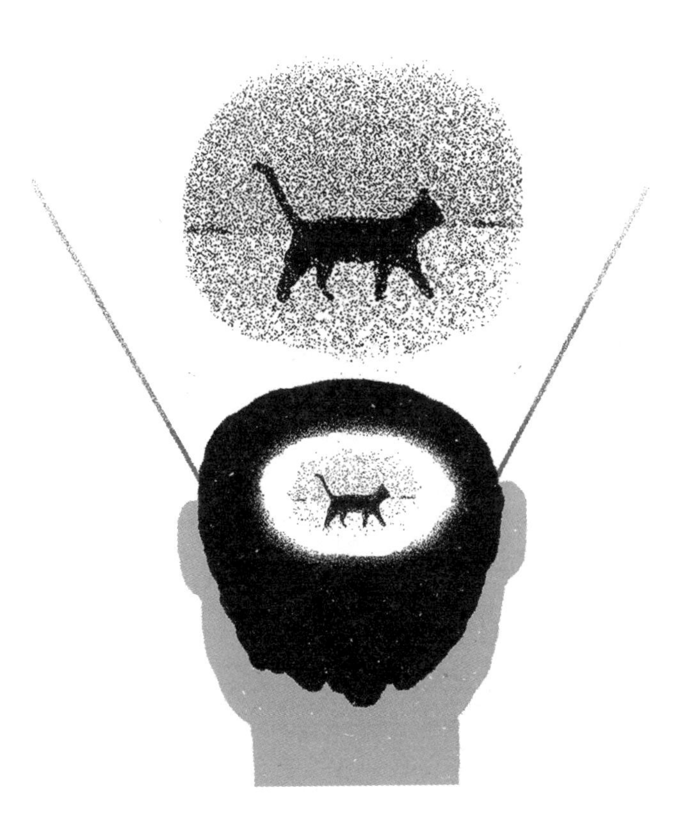

■我是不是在哪看到过这只猫

们第一次出现既视感的时间多集中在6~10岁之间。有人说，这可能是因为人们在年轻时喜欢做白日梦，长大后就变得冰冷而现实。这当然是一种文学的揣摩，事实上，对于既视感的研究并没有定论。相对科学的解释为：既视感的出现是大脑处于健康状态下的表现，因此我们的大脑能够识别出那些“错误的熟悉信号”，还能意识到眼前的熟悉景象并非真的遇见过。一旦过了25岁，随着年龄增长，识别信号的能力就会逐渐变弱。

现代脑科学对既视感的形成提出两种可能。一种是可能与无意识中的记忆碎片有关。神经科学研究表明，视网膜有特殊的通路将视觉信息传递到大脑，人们在意识到自己看见什么之前，就已经在脑中上传眼前的图像或事物。若把记忆储存过程比作摄影，图像由各种碎片组成，每个碎片都包含重建图像必备的所有信息，碎片越小，重建的原始图像就会越模糊。既视感不是凭空产生，只是那些原始情景以碎片化的方式储存在我们脑海中。另一种可能与海马体有关。海马体负责储存长期记忆。当我们遇到与过去相似的情境，脑内处理那段经历的神经元就有可能产生冲动，在记忆中寻找相似的感触，将现在的印象认为是发生过的经历。不仅如此，海马体还会发生“运行错误”，不小心把现在的感觉坠入记忆中，将眼前一幕当作曾经发生的画面。

我们的世界

在小说《计划生育》之中，作者给既视感找到另外一种归宿。我们之所以会出现既视感，是因为我们的一生，从呱呱坠地到驾鹤西去，都是电脑的虚拟社会中一个虚拟的人已经过完的虚拟一生，我们只是把他或她的人生从头到尾复盘一遍。也

■威廉·吉布森
1948年出生，美国科幻小说作家，是科幻文学的创派宗师与代表人物，被称作赛博朋克运动之父

就是说，我们所做的一切，每一个巨大的决定以及数之不尽的小微细节，我们爱的每一个人、说的每一句话，都有写好的脚本以供参考。我正在写这篇文章，你正在看这篇文章，只是因为这些事情都已经发生过，是不可逃脱的命中注定。我们脑子里住着一个二进制的灵魂，之所以会有既视感，是因为某些错误的代码没有删除干净。如此一来，人们所谓的自由意志就成为一种自我麻痹。

听起来这似乎不可思议，根本没有办法证明，但问题是，也没有办法证伪。

这个构思并非《计划生育》的作者独创，赛博朋克算得上科幻小说一类较大的分支，其中声名最盛的莫过于写出《真名实姓》的费诺·文奇以及写出《神经漫游者》的威廉·吉布森，后者更是被称为赛博朋克的代言人，如同阿西莫夫之于人工智能。《计划生育》一文构思了一个存在于网络空间的社会，里面的人并不自知，这种人被称为“埃索”。真实社会的掌权者，通过对网络社会中的埃索进行筛选，将便于管理的埃索的一生提取出来，“注射”到新生儿的大脑，让其遵循该埃索的人生轨迹成长。从某种程度来说，这也算是一种反乌托邦。读罢《计划生育》，我首先想到的不是《真名实姓》和《神经漫游者》，而是另外一本名不见经传的小说《十三层空间》。这篇小说的核心构思跟《计划生育》非常接近。《十三层空间》中也有一个虚拟的网络社会，真实社会通过对网络社会的观察和实验来改善世界。读完这种故事，总是让人忍不住怀疑，我们的世界到底真实与否?

虚拟改变现实

有一款著名的沙盒游戏叫作《我的世界》，整个游戏没有剧情，玩家在游戏中自由建设和破坏，像堆积木一样对元素进行组合与拼凑，能制作出小木屋、城堡甚至城市，玩家可以通过自己创造的作品体验上帝一般的感觉。焉知我们的世界不是有这样一个计算中的上帝在堆积木呢？

上文提出的疑惑更像是一个哲学问题。曾几何时，古代的思想家们也是从哲学层面理解既视感，只是随着科学进步，才有了越来越多趋于合理的结论。同样，随着科学进步，我们利用现实创造出的虚拟，也在反过来影响着现实。看起来，普通人顶多玩玩手机、用用电脑，但实际上，我们已经生活在某种半浸入式的虚拟之中。这种虚拟就是大数据。

许多人都有以下的体验：晚上准备睡觉，躺在被窝里，捧着手机，想着简单看两眼就放下，结果不知不觉消耗了许多时间。为什么手机就像粘在手上，放下手机就跟剁手一样痛苦？答案很简单，因为手机通过大数据，在不断捕获我们的习惯和爱好，反馈给最契合我们预想的内容。你喜欢热闹，手机就充斥着搞笑短视频；你喜欢做菜，手机就变着花样煎炒烹炸；你喜欢阅读，手机就根据你的购买记录提供同类读物。天底下，再没有比手机更懂你的存在。实际上，手机变成了另一个你，一个虚拟的你。商家利用虚拟的你做出的判断，引诱现实的你下单；政客根据虚拟的你进行大选预测，提高自己得中的概率；程序软件干脆直接搜集虚拟的你方方面面的数据，进行更吸引你的优化，让你爱不释手。

这些都是已经结结实实发生的事情，那么像《计划生育》一文中提出的与现实世界几乎无二的虚拟社会是否可能完美运行？

笔者以为，以目前的计算机水平，这个概念仍然只能出现在科幻小说，难以落实。人类社会经过数百万年的演化和进化，每个人的思想又如此复杂广袤，想要事无巨细地临摹无异于痴人说梦。不过话说回来，飞机发明之前还没有人坐过飞机呢？正如量子力学的一句名言所说：“一切可能发生的事情正在发生！”

一个彩蛋

《计划生育》中作者提到的埃索并非一拍脑袋随便起的名字。三丰老师选编《虚拟（又见虚拟）2012科幻年选》时收录过一篇名为《埃索》的小说，作者王文浩，讲述了一个虚拟文明从诞生到毁灭的过程，里面的虚拟人就叫“埃索”。如果《计划生育》读得不够过瘾，可以找来这篇小说一饱眼福。

参考文献

[1] 马西米利亚诺·迪文特拉，尤里·V. 佩尔申. 类脑计算机来袭［J］. 彭勇，译. 环球科学. 2015（2）.

[2] 克里斯托弗·R. 门罗，罗伯特·J. 舍尔科普夫，米哈伊尔·D. 卢金. 量子计算机临界点［J］. 贺冉，译. 环球科学，2016（6）.

[3] 戈尔德·赫尔辛格. 机器人会改变世界吗［J］. 朱成，译. 环球科学，2014（2）.

[4] URBAN T. 人工智能革命：超级智能进化之路［EB/OL］. 谢熊猫君，译. www. http://waitbutwhy.com.

[5] 乔治·赫尔伯特. 超级智能能否实现？［J］. 环球科学，2018（8）.

[6] 约书亚·本希奥. 深度学习：人工智能的复兴［J］. 马骁骁，译. 环球科学，2016（7）.

[7] 让—蒂斯特·穆雷，斯特凡·东希厄，尼古拉斯·布拉戴希. 让机器人定向演化［J］. 徐寒易，译. 环球科学，2016（7）.

[8] 史蒂文·E. 施多福. 无人驾驶还需60年［J］. 刘亚辉，译. 环球科学，2016（7）.

[9] 雷·库兹韦尔. 奇点临近［M］. 李庆诚，董振华，田源，译. 机械工业出版社，2011.

本书所选微小说均出自蝌蚪五线谱网站科幻世界频道，请未联系到的作者按以下方式联系我们，邮箱：kehuan@kedo.gov.cn

图书在版编目（CIP）数据

你好人类，我是人 / 周忠和，王晋康主编；王元编著．— 北京：北京理工大学出版社，2020.9（2021.5重印）
（藏在科幻里的世界）

ISBN 978-7-5682-8935-1

Ⅰ．①你… Ⅱ．①周… ②王… ③王… Ⅲ．①人工智能－普及读物 Ⅳ．①TP18-49

中国版本图书馆 CIP 数据核字（2020）第 154050 号

出版发行 / 北京理工大学出版社有限责任公司
社　　址 / 北京市海淀区中关村南大街 5 号
邮　　编 / 100081
电　　话 /（010）68914775（总编室）
（010）82562903（教材售后服务热线）
（010）68948351（其他图书服务热线）
网　　址 / http：//www. bitpress. com. cn
经　　销 / 全国各地新华书店
印　　刷 / 三河市华骏印务包装有限公司
开　　本 / 880 毫米 ×1230 毫米　1/32
印　　张 / 7.25
插　　页 / 1
字　　数 / 157 千字
版　　次 / 2020 年 9 月第 1 版　2021 年 5 月第 2 次印刷
定　　价 / 39. 80 元

责任编辑 / 田家珍
文案编辑 / 田家珍
责任校对 / 刘亚男
责任印制 / 施胜娟